トヨタの話し合い

最強の現場をつくった
聞き方・伝え方のルール

加藤裕治
KATO YUJI

ダイヤモンド社

トヨタの話し合い

——最強の現場をつくった聞き方・伝え方のルール

はじめに

「トヨタに学べ！」

「カイゼン、トヨタ生産方式だ」

　バブルが崩壊し、日本経済が停滞した頃、その中でも着実に日本一の利益を上げ、世界一に向かって邁進（まいしん）するトヨタを見倣（みなら）って、トヨタ生産方式（TPS）を取り入れようとする企業が次々と現れた。トヨタ生産方式に関する本もたくさん出版された。

　しかし、それによって企業の業績が反転向上した成功談は必ずしも多くない。なぜか。

　それは、TPSが企業業績を改善する特効薬ではなく（たぶん漢方薬のようなものだろう）、また、ジャスト・イン・タイムやカンバン方式を真似ても、**それだけでTPSが実践できるわけではない**からである。

　TPSによる経営を成功に導くには、社員一人ひとりの価値観にまで踏み込んで「カイゼン」という魂を入れなければ、まさに「仏つくって魂を入れず」になってしまう。そして、それを

飽くことなく無限に実践しなければ、企業業績の向上に結びつくことはない。

トヨタでは、このＴＰＳの魂の部分を社員に浸透させるために、労働組合が大きな役割を果たしてきたと私は考えている。**カイゼンを本物にするには「徹底して考える」、そして「徹底して話し合う」ことが必須**である。

トヨタ労組では、組合員一人ひとりが「徹底して考えること」と「徹底して話し合うこと」を活動の基本に置き、繰り返し実践してきた。それが、労働条件を長期安定的に向上させる最も有効な道だったからである。トヨタの社員は組合員として組合活動に関わることで、カイゼンという方法論により深く馴染(なじ)んでいくのである。

世にＴＰＳを解説した書物は多いが、「カイゼンを実践できる人はどんな考えで行動できる人なのか」「どこが普通のサラリーマンと違うのか」というような、個々の人間レベルまで掘り下げて解説した本はあまり見かけない。トヨタの労使関係の深淵(しんえん)に踏み込んで見てみると、実は、その部分が見えてくるのだ。

そこで私は、ＴＰＳの中核をなすカイゼンの本質をできるだけ多くの人に理解してもらうため、トヨタの労使関係のエッセンスともいえる**「話し合い」**をテーマとして、自分のナマの経験を披露してみようと考えた。それが、会社生活の大部分を労組役員として勤めた人間の使命ではないかと思ったからである。

ところで、この本を書き進めている時期に、企業不祥事が多発し世間を騒がせた。私に言わせれば、カイゼンが真に社員に根づけば、企業不祥事など起こるはずはない。なぜなら、**「カイゼン」とは、「悪さ、問題点の洗い出し、見える化」が第一歩**だからである。悪さを隠す人間をゼロにすれば、不祥事は根っこで防げるはずだ。

トヨタ労使が愚直に追い求めてきたカイゼン定着への道のりを知ってもらうことは、企業不祥事の防止につながる道でもあると私は思う。

もう一つ、この本で言いたい大切なことがある。**カイゼンを実践する社員は、自ずと仕事に対するモチベーションが高まる**ということである。TPSは、製造部門との親和性が高いが、他のどんな業種でも、カイゼンの実践によって社員のモチベーションを上げることは可能である。社員の士気が高くなれば、業績向上に資することも間違いない。

欲張るようであるが、さらにもう1点付け加えると、**カイゼンを実践することは個々人の生き方を前向きにする**。**前向きな生き方はその人の人生を豊かにする**。この本でトヨタ成長の秘密を読み取り、人生をも豊かにしていただければ、こんなに嬉しいことはない。

トヨタの話し合い◎目次

第2章

妥協をしないトヨタの話し合う仕組み

第3章 優れたトヨタマンを育てる「人づくり」の秘訣

第4章

「自分たちのことは自分たちで決める」トヨタ精神

第5章 話し合いがよきリーダーをつくる

第1章

トヨタの強さは信頼にある

トヨタの強さは金太郎アメの強み

「トヨタの社員は金太郎アメだ」と言われることがある。

もちろん、揶揄(やゆ)しているわけだが、長い間、その当事者であった私には、この言い方に違和感はない。人が揶揄しているつもりでも、こちらはむしろ誇りだと思う面もあるからだ。

トヨタの社員には、ある一面を捉えれば、どこを切っても同じことを言う金太郎アメ的な側面が確かにある。しかし、それは**会社の弱みではなく、強みにほかならない**。

金太郎アメになっているからこそ、世界一の自動車メーカーという地位を獲得できたともいえるのだ。

若手社員から経営トップまで金太郎アメのごとく同じ顔を見せ、同じことを話せるというのは、**考え方の根底において共通項がなければならない**。

トヨタという会社には、間違いなくそれがある。モノづくりの考え方や誇り、日々の仕事を進める上での価値観や哲学――。トヨタの社員は、この点について、まさしく金太郎アメである。

では、トヨタの社員が根底で共有している考え方や価値観とは何か。

これは一言でいえる。世界の共通語にもなっている**「カイゼン」**である。

「カイゼン」はトヨタの哲学や文化を表すキーワードであり、社員一人ひとりの心の底に根づき、日々の力の源泉となっている絶対的なキーワードだ。

世界中で働くトヨタの社員は、入社と同時にカイゼンの精神を叩き込まれ、以降、実際の仕事を通してカイゼンの何たるかを頭と身体で学び取っていく。頭と身体に染み込んでいく哲学は、ごく自然にそれぞれの人生観にも影響を及ぼしていく。

誰もが同じ人生観を持つようになるということではない。あくまでも影響を及ぼすのであって、宗教のように全員が一つの人生観や世界観に結集し、そこから一歩も外に出られなくなるような染まり方をするわけではない。

どう影響されていくのかといえば、「どうしたら自分の人生をより楽しく、より充実したものにしていくか」「今日の自分と明日の自分は違う。明日の自分は今日の自分よりよくありたい」という前向きな発想で物事を考えるようになるのである。

そして、ここが肝心なところだが、カイゼンの哲学が身体に染み込んだトヨタの社員は、**常に目の前に横たわる「問題」を見つけ、問題を永遠に除去するために、その問題を引き起こしている「真の原因」は何かを考える**。トコトン考える。

そして**真因を突き止め、問題を引き起こしていた原因の除去に立ち向かっていく**。ここも自分の頭でトコトン考える。

真因の発見から問題を解決するまで自分の問題として捉え、自分の頭で考えるから、いつの間にかカイゼンの精神が頭と身体に染み込み、自分の人生観を前向きに変えていくことにもつながっていくのだ。

徹底して自分の頭で考える訓練ができているから、人に影響される面は少ない。会社であるから、上司の指示や命令に従って動く面もあるし、好き勝手なことはできないが、常に上司の指示を待ってからしか動けない人間にはならない。

カイゼンの哲学があると……

問題を見つける

真の原因を突き止める

原因を取り除く

徹底して議論しても必ず合意できるトヨタ社員

金太郎アメという比喩は、個性のない均質的な人間で構成されている集団という意味で使われるのだが、その意味で言うならばトヨタはまったく当たっていない。

私の実感では、**トヨタほど多様な人間が集まり、多様な視点でさまざまな意見を言い合える社員集団はない**のではないかとさえ思う。

問題の発見から真因の除去まで自分の頭でトコトン考える空気の中で育った人間は、「私も同じ意見です」とか「私もそう考えていた」式の〝右へ倣(なら)え〟はしない。「同じ」ことを嫌い、**自分の意見にこだわるのがトヨタ社員**なのである。

では、意見の違う者同士で、部署なりチームなりの結論を導き出さなければならないときはどうするのか。

違う考え、違う価値観を遠慮なくぶつけ合って、**徹底して議論する**のである。

したがって、物事を決めるのに時間がかかる。時間がかかっても安易な妥協はしない。

カイゼンでは、適当なところで妥協することを嫌う。では、議論はどのようにして収束するのかというと、**互いに根底のところで共有している哲学に立ち返る**のである。

根本的なところで考え方の共有があるかぎり、議論がいたずらに長くなり、いつまでも収束しないということはない。

いつまでたっても議論が収まらないのは、どちらかが細部にこだわっていたり、自分の意見を頑固に主張し続けたり、あるいは問題の本質を忘れてセクト主義（派閥主義）に陥ったりしている場合などであろう。

そうならないために**「カイゼン」の哲学に立ち返る**のである。

ただし、そこには絶対的に必要な要素がある。

互いに議論の相手をトヨタの社員として、また一人の人間として尊重していることだ。言葉を換えれば、**議論の相手方に対して揺るぎない信頼感を持っている**ことである。

相手方は同僚や後輩かもしれない。あるいは直属の上司だったり、他部署の上司だったり、経営陣だったりすることもあるだろう。そうした立場の違いがあっても、カイゼンの哲学を互いに共有しているという信頼感があれば、議論はより高いところで一致点を見い

トヨタでは徹底して議論する

社員はそれぞれ自分の意見を言う

どうするのか……

みんなの持っている
「カイゼン」の哲学に戻って
話し合いの本質を考える

だし、収束できるのである。

「トヨタウェイ」は建て前でなく、社員たちがつくってきたもの

トヨタにおけるこうした問題解決の流れ、あるいは目標達成のプロセスは、外部の人から見ると、にわかには理解できない面があると思う。「それは建て前だろう。現実は建て前通りにはいかないはずだ」という思いがよぎるかもしれない。

建て前の話ではないのである。

たとえば、トヨタの企業理念を日本国内のみならず全世界の事業拠点で実践していくために、2001年に策定した**「トヨタウェイ2001」**という行動指針がある。

私自身は、「トヨタウェイ」は「カイゼン」そのものだと思っているので、その「カイゼン」の中身をコンパクトにまとめると、「トヨタウェイ2001」に書かれている次のような文章になる。

〈トヨタウェイの2つの柱は、「知恵と改善」と「人間性尊重」である。「知恵と改善」は、常に現状に満足することなく、より高い付加価値を求めて知恵を絞り続けること。そして「人間性尊重」は、あらゆるステークホルダーを尊重し、従業員の成長を会社の成果に結びつけることを意味している。〉

こういう文章に示すと、ますます建て前のように感じられるかもしれないが、これはトヨタの社員が長年にわたって培い、当たり前のこととして日々実践していることを改めて言葉に置き換えたものにすぎない。

つまり、建て前なんかではなく、**実際に行ってきた、また現在も行っていることにほかならない**のである。

しかし、このトヨタウェイが会社から、つまり上から下に一方的に押しつけられたものだとしたら、トヨタは世界一の自動車会社にはならなかっただろう。

カイゼンやトヨタウェイは、**会社が社員に一方的に押しつけてきたものでは決してない**。

トヨタを世界一に引き上げたのは、ジャスト・イン・タイムやかんばん方式などで構成される独特の**「トヨタ生産方式」**であり、その生産方式を考え体系化したのは、黎明(れいめい)期の経営陣である豊田喜一郎氏や大野耐一氏であることは周知の事実である。だが、考え出したのは経営陣であっても、それをトップダウンで現場に一方的に押しつけるだけだったら、トヨタ生産方式が機能したかどうか、そして、今日のような発展を会社にもたらしたかどうかはわからない。

労組専従になってわかったトヨタの強さの本質

私は、トヨタがＧＭ（General Motors Company）の10分の１くらいの売上規模しかなかった頃の１９７５年に早稲田大学を卒業し、地元のトヨタ自動車に入社した。１９６６年に発表したカローラが大人気となり、大衆車市場を牽引していった頃の話である。

法学部出身だったこともあって法務部に配属され、８年ほど働いた。そのまま9年目に入り、以降、キャリアを積みながら昇進していくのだろうと、ぼんやりとした将来設計を描いていたときに、予想外のお誘いがあった。

トヨタ自動車労働組合から「労組に一度、専従してみないか」と誘われたのである。

専従になれば、会社の通常業務からいったん離れ、専ら労組役員としての仕事を日々行うことになる。

法務部の仕事が面白くなっていたこともあって、当初は「なんで自分が？」との思いが強かったものの、先輩や友人たちから「よい経験になるよ」と言われ、その誘いを受けることにした。ただ、あくまでも短期的な専従で、4年程度でまた法務部に戻ってくるものと思っていた。

これが本心だったが、私は最初の自己紹介で「ここに骨を埋める覚悟でやります」と、見得を切ってしまった。腰かけ気分で来たと思われたくなかったゆえのハッタリで、本音は腰かけ気分だったのだ。

ところが、現実はハッタリ通りになってしまった。結果的に、その後の私のビジネスライフは労組一筋になったわけだが、後悔はしていない。むしろ、法務部というスタッフ部門で仕事をしていたときよりも、トヨタの現場をよく理解し、「カイゼン」の何たるかをより深くつかみ、そして**トヨタの強さがどこから来ているのかを実感することができたか**らである。

なぜそうなったのか。

いちばんの理由は、モノづくりの現場でカイゼンを実践してきた工場部門の社員たちの人間的な魅力、真摯な姿勢に心惹かれたことである。そういう人たちと忌憚のない意見交換をしているうちに、労組の仕事がどんどん面白くなり、ここでトコトンやってみたいと思うようになったのだ。

専従になったばかりの頃の仕事には、労組ＯＢの世話役が含まれていた。

私にとっては、これが幸運だった。トヨタ労組の初代委員長をはじめトヨタの黎明期を担った大先輩の話を肉声で聞けたからだ。

カイゼンの何たるかもリアルに聞けた。カイゼンがどのようにトヨタ社員一人ひとりに浸透していったのかも聞けた。その中で労働組合が果たしてきた役割も聞けた。

労働組合による舞台裏の苦悩と真摯な努力がなかったら、トヨタウェイが育つこともなかったし、それゆえに世界一の座を獲得することなど到底できなかったであろう（具体的な話は後述する）。

ともあれ、私は労組の専従になって、多くの先輩たちや工場部門の話を聞けたことで、はじめてトヨタの強さの真髄がわかったように思う。

強さの基盤は互いの「信頼関係」にある

このように小見出しを書いてみると、当たり前すぎてインパクトがないかもしれない。とはいえ、トヨタウェイの根幹を成すものは、やはりこれ、**互いの信頼関係**なのである。

上司と部下の信頼関係、社員同士の信頼関係、会社とお客様の信頼関係、会社と取引先の信頼関係、会社（経営陣）と労働組合の信頼関係、労働組合の役員と社員一人ひとりの信頼関係など、**すべての信頼関係が構築できていなければ、会社は強くならない**。

これらの信頼関係がきちんと構築できなければ、カイゼンの哲学も育たなかっただろうし、その実践である**「仕事の問題発見と原因の除去」**という、今では当たり前の行為が全社的に広がることはなかっただろう。

たとえば、仕事の中にある何かしらのムリ・ムダ・ムラ（問題）を見つけ、自分なりに改善方法（解決策）を編み出したとする。

そこで喜んで上司に報告したとき、上司から「今まで通りのほうがいいんじゃないか。

余計なことを考えるな」と関心を示されなかったり、否定的な反応をされたりしたら、どんな気持ちになるだろうか。

ほとんどの人はがっかりして、問題の発見や改善思考は大きく後退してしまうに違いない。もちろん、上司に対する信頼感は醸成されず、多少は信頼していたとしても、それは後退するだろう。そして、仕事が面白くなくなり、やる気のない指示待ち人間になっていく。

しかし、**トヨタではこれは絶対にない**。

トヨタウェイの真逆に位置するこんな反応をする上司がいたら、総スカンを食らい、トヨタの中で生き続けることはできないからだ。

一方、部下の提案に関心を示し、改善行為を評価してくれる上司だったらどうだろうか。当然、部下は評価してくれたことを喜び、いっそう意欲的に働くことになるだろう。ただし、**これだけの対応で終わってしまっては、嬉しさもやる気も長くは続かない**。

仕事ぶりによって賞与や給料が増えて報われるだろうという期待は持てるかもしれないが、報われる確証がなければ、カイゼンの意欲は自ずと後退していく。

信頼関係というのは、言葉で約束し合うだけでできるものではない。「私を信頼してほしい」とか「君を信頼しているよ」という言葉をいくら重ねても、**それを裏付ける具体的なものが何もなければ、相互の信頼を築くことはできない**。

トヨタのカイゼン哲学は入社と同時に叩き込まれるが、理念や行動指針などの言葉だけで教育されるわけではない。**実践を通して、自分自身でその何たるかを吸収していく**のである。

実践とは仕事である。ただし、ただ与えられた仕事をつつがなくこなすだけでは実践にはならない。

自分の仕事やその周辺に潜んでいる問題を発見し、自分の頭と行動で問題を除去していくことこそ、会社が期待しているカイゼンの実践にほかならない。

トヨタの中で醸成されていく「信頼感」は、このことの実践からしか生まれてこないし、育ってもいかない。

「ご褒美」によって信頼感は高まっていく

では、会社がトヨタの社員一人ひとりに示す信頼の裏付けとは何だろうか。

意外かもしれないが、結構大きな裏付けとなっているのは、**お金**である。それも、その**支払い方に秘密がある**。

少し乱暴な言い方をすれば、人はお金のために働いている。そして、お金が多ければ多いほど嬉しく思うし、モチベーションも上がる。これは万人に共通する真実であろう。

いくら聞き心地のよい理屈をこねても、やっている仕事や努力がお金につながらなかったら、それは続かない。ボランティアで働くことがあるとしても、一時のことであり、ずっとボランティアだけを続けながら生きていくことは、普通はできない。

社員が会社に対して持つ信頼感、すなわち「会社はわれわれのことをちゃんと考えてくれている」と誰もが感じるのは、**自分の努力に対して金銭的な対応を受け取ったとき**である。

カイゼンの哲学（トヨタウェイ）が自身の頭と身体に染み込んでいく最初のきっかけは、みんなこれなのだ。

シンプルな例を挙げて具体的に書こう。

カイゼンを支える制度の一つとして、トヨタには**「創意工夫提案制度」**というものがある。提案制度は高度成長期の頃から多くの会社が取り入れ、一定の成果を上げてきた。カイゼンを哲学とするトヨタも当然のこととして行ってきた。

トヨタの提案制度は、その運用方法において少しばかり独特である。

どこが独特かというと、**どんな些細なことでも書いて出せば報酬があること**だ。私が法務部にいた1970年代の頃は、提案を出すだけで1件につき500円もらえた。

今は倍の1000円くらいになっているのだろうと予測し、会社に確認してみたら、なんと500円のままだった。

ちょっとびっくりしたが、よく考えたらトヨタらしい一面だと思った。提案に対して報酬を出すのは、提案することの喜び（採用する喜びではない）を大切にしているからであり、金銭の多寡は出すほうも、受けるほうもあまり重視はしていないのである。

むろん、効果の大きい提案、たとえば何百万円もの原価低減につながるような提案であれば、10万円の報酬ということもある。また、提案件数を重ねれば、年間で表彰もされる。

提案する内容に制限はないが、一つ条件があるとしたら、提案者が実際にやってみて何らかの効果が出ていることである。

たとえば「棚の部品の置き場所をここに移してみました」(改善提案)、「すると能率が上がりました」(効果)という具合だ。効果は感覚的なものでいい。数値的な検証などは重視されない。とにかく**本人の実証付きカイゼン提案であれば報酬をもらえる**のだ。

そして、ここが最も独特なのだが、しばらく続けてみて、元に戻したほうが能率が上がるような場合、**報酬をもらった提案アイデアをひっくり返す改善も、新たな提案として提出できる**。そして、それについてもご褒美をいただけるのだ。

要は、社員が自分の仕事に潜む問題を見つけ、自らの頭で考え、試してみる行為を会社として奨励し、考えた結果についてはきちんと評価するという仕組みである。

ご褒美は、会社が評価していることの裏付けである。500円だろうが1000円だろうが、**きちんと評価していることを具体的に示すことが大事**なのだ。そうすることで、「自

評価の裏付けはお金で

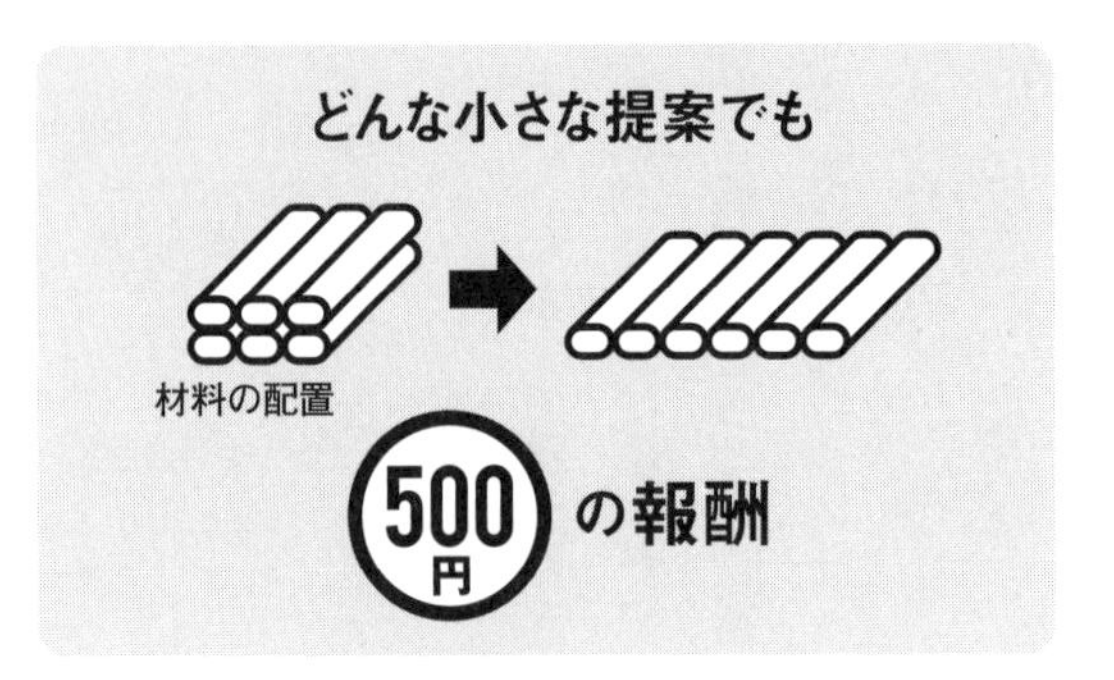

この提案がよくなくて

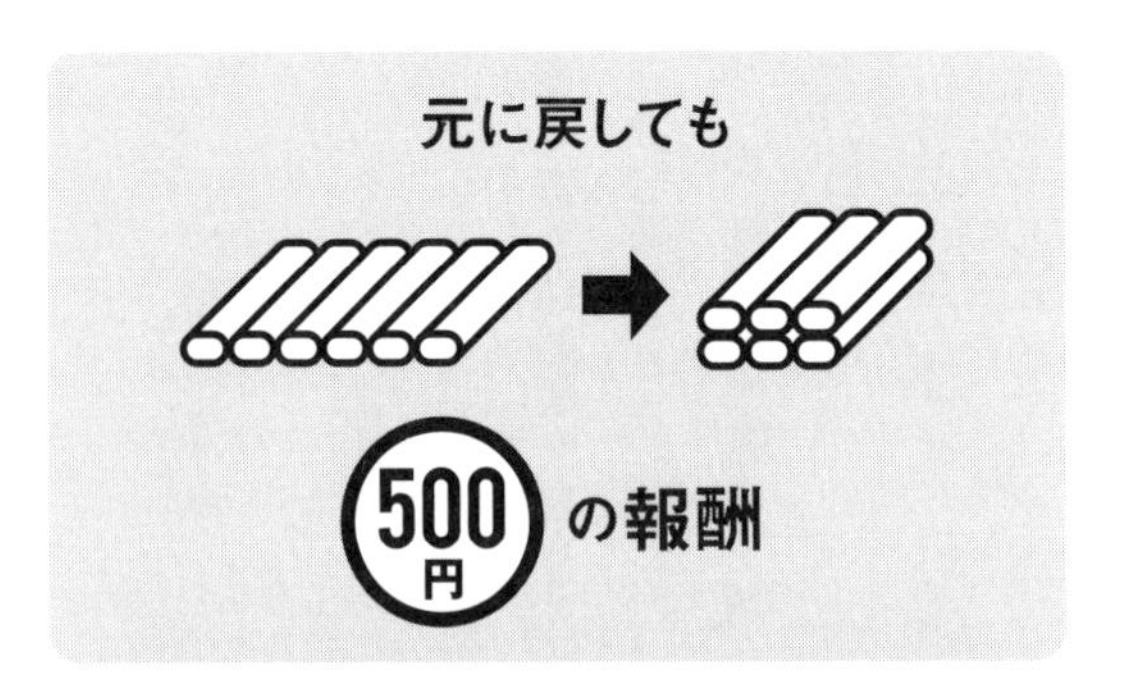

評価の積み重ねで
信頼が生まれる

分の頭で考えながら、しっかり仕事をすれば会社は評価してくれるんだ」という確信が得られる。

この繰り返しによって、**会社への信頼感が徐々に醸成されていく**のである。

どんな部門にいても必ず鍛えられるカイゼン哲学

モノづくりの会社ゆえ、カイゼンの提案というと、現場のイメージが強いが、**カイゼンの哲学はどの部門であってもトヨタの社員であるかぎりは叩き込まれる**。

私が8年勤めたスタッフ部門でも、事務部門でも、カイゼン提案が促される。私の場合、少なくとも3、4カ月に一度は出せと上司に言われていた。

もちろん私も、自分の頭で一所懸命に考えて「紙ファイルの表紙裏にポケットを付ける」といった工夫などを提案したが、手前味噌みたいな話になるので詳細は省くことにする。

当時、法務部の同僚のカイゼン提案が、会社に大きな経費節減をもたらしたことを思い出す。今でも運用されていると思うが、取引先等と交わす個別売買契約書について「契約書にしなくてもいい文書をわざわざ契約書にして印紙を貼っている。やり方を変えれば、この印紙代は節約できる」という提案をした。彼は脱法でないことをしっかり確認した上で提案を出した。

それまで誰もが当然のように続けてきたことに対し、「もしかしたら印紙がムダなのでは？」と疑問を抱き、調べると本当にムダだったという話である。

この提案は会社として正式に採用され、月々100万～200万円の節約になった。大きなコスト削減効果のご褒美がさすがに500円ではバランスが悪い。バランスが悪いというのは、提案者の心の中にモヤモヤした不満感が残るということだ。

会社は当然、そこを理解していて、このカイゼンを高く評価し、相応のご褒美にしたのである。確か月給の半分くらいはもらったと記憶する。

トヨタのカイゼン哲学は、**昔からずっと続けてきたことを無批判に受け入れて、自分で考えなくなることを嫌う**。長く続いてきた事柄も、**自分の頭で一度は疑ってみる**ことを大切にしている。

それはどの部門でも、どこにいても、どんな仕事をしていても求められ、一人ひとりの習慣となって実行され続けている。

創意工夫提案制度は、カイゼンの真髄を支えるべく運用されているのだが、社員たちが負担ではなく快く受け入れて実行しているのは、**「成果を上げれば会社は必ず相応の評価をしてくれる」**という確信を持っているからだと思う。

真因をつかむ「なぜ?」を5回のルール

会社に対する信頼感の有無は、仕事上の失策をしてしまったときなどのネガティブなシーンにも表れる。

実にトヨタらしいと私が思うのは、現場のラインでちょっとした不都合やトラブルが発生したときの対処法である。

たとえば、部品切削ラインでコンベヤーに小さな部品が引っ掛かり、ライン停止を起こしてしまったとしよう。引っ掛かった部品をすぐに手で戻せば、ラインはすぐに動き出すので、なんということもない。おそらく、車に限らず世の中の生産工場の大半はそのように対処し、何事もなかったかのようにラインを動かし続けるのではないだろうか。

トヨタの場合、こうした対処法はご法度、絶対にやってはいけない論外の対処法なのである。

コンベヤー停止が小さな部品の引っ掛かりによって起こったことがわかっているなら、その部品を元に戻せば、コンベヤー停止という現象は当面解決するかもしれない。しかし、それはあくまで「そのとき、その場で起こった現象」を修正したにすぎない。

これでは、**あまりに浅い問題解決法**である。**同じ現象がまた起こる可能性は消えていない。**トヨタではこれを問題解決とは言わない。


ここで、トヨタの社員なら誰でも口にする**「『なぜ？』を5回」**の問題解決ルールが首をもたげてくる。

これは、**「起きた現象に対して最低5回は『なぜ？』を繰り返し、現象を引き起こしている真の原因を突き止めよ」**というルール（原則）である。

一つの現象には、それを引き起こす原因が幾重にも重なっていることが少なくない。何が真の原因（真因）なのか、その現象が再び起きないようにするにはどの原因を取り除けばよいのか。この答えを得るには、「なぜこの現象が起きたのか」を**最低でも5回**は掘り下げていかないと、真因には行き着かないというわけだ。

前述の創意工夫提案制度も、この原則を前提にしている。

5回の「なぜ?」の実践プロセス——どのように行うのか?

「なぜ?」を5回繰り返す例を先のコンベヤー停止に当てはめてみよう。

コンベヤーに部品が引っ掛かったのはなぜか。これが**1回目の「なぜ?」**で、担当者は目の前のコンベヤーを仔細(しさい)にチェックすることによって、コンベヤー上にある微妙な凸凹を発見する。この原因を除去するだけだったら、なんらかの方法で凸凹を取り去ってコンベヤーを滑らかにするだけで事足りる。

しかし、これでは真の問題解決にならないことは前述の通り。5回の「なぜ?」の原則が身についている担当者は、ごく自然に**2回目の「なぜ?」**に入る。

コンベヤーのわずかな凸凹はなぜ生じたのか。凸凹ができたのはこのラインだけなのか、隣のラインにも同じような現象は起きていないか、などを調べる。

その結果、他のラインでも同じような現象が起きていたのなら、コンベヤーに問題があると推測できる。そこで、コンベヤーの製造工程を検証する。これが**3回目の「なぜ?」**になる。

検証してみると、コンベヤーを構成する一部の部材が温度変化に弱く、ゆがみやすいものだったことが判明する。そこで、コンベヤーの設計者はなぜこの部材を使ったのかと、**4回目の「なぜ?」**に入る。

調べた結果、設計者は温度の変化を想定していなかったことが明らかになる。当然、なぜ温度変化を想定しなかったのかという疑問が湧く。これが**5回目の「なぜ?」**。調べてみると、設計者に現場での使われ方が十分に伝わっていなかったことがわかる。

ここまでで「なぜ?」は5回。この5回目の「なぜ?」によって、ライン停止という現象に対する真の原因がつかめる。すなわち、「設計部門に、部品切削ラインに関する現場の情報が十分に伝わっていなかったことがそもそもの原因」ということになる。

ライン停止の真の原因はここでわかったことになるが、「なぜ?」は現実にはここでは終わらない。

5回の「なぜ?」で問題解決

1 回目の「なぜ?」

コンベヤーに部品が引っ掛かったのはなぜか

▼

コンベヤーに凸凹を発見

2 回目の「なぜ?」

凸凹はなぜ生じたか

▼

コンベヤーの工程に問題あり

3 回目の「なぜ?」

コンベヤーの製造工程のどこに問題があるのか

▼

温度変化に弱いことが判明

4 回目の「なぜ?」

なぜコンベヤーにこの部材を使ったのか

▼

設計者が温度変化を想定していなかった

5 回目の「なぜ?」

設計者はなぜ温度について考えなかったのか

▼

現場の状況を理解していなかった

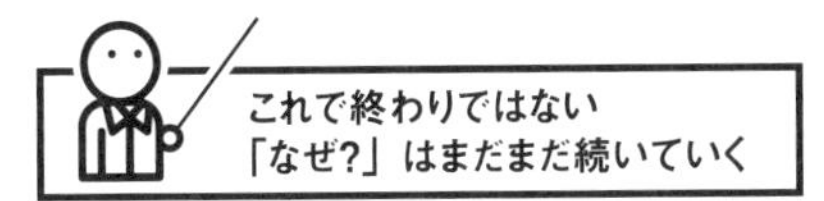

これで終わりではない
「なぜ?」はまだまだ続いていく

このあとも「なぜ？」は続く。「なぜ現場の重要な情報が伝わっていなかったのか」「なぜ設計者は現場での使い方を十分に考慮しなかったのか」といった具合だ。

このように掘り下げていくと、社内のコミュニケーションや部署間の情報共有の問題など、他のケースに応用できる場合も出てくる。したがって、**トヨタの一人ひとりが「なぜ？」という掘り下げを常に行っていれば、問題の発生を未然に防ぐこともできるし、会社全体の効率アップ、生産性向上に大いに役立つ**ことになる。

これこそがトヨタにおけるカイゼンの真骨頂である。ちなみに、5回以上の「なぜ？」の〝絶対ルール〟を言い出し、社内に広げたのはトヨタ生産システムの生みの親と言われる大野耐一氏である。

大野さんは、現場をよく回っていて、不具合の原因を考えている担当者に「真因がわかるまで、この○の中で考えていろ」と、チョークで床に円を描いたというエピソードも伝わっている。

最低5回以上の「なぜ？」という原則を社員一人ひとりに叩き込もうとした大野さんの厳しい姿勢が窺（うかが）える。

信頼があるから、迷わずラインを止められる

会社と社員、あるいは上司と部下の信頼関係のありようを示す、こんな場面も書いておこう。

トヨタの製造現場には、ラインの横の頭上を通っている紐(ひも)がある。

実にアナログ的な対策なのだが、**この紐を引っ張るとラインが止まる**仕掛けになっている。昔は現場の担当者がトイレに行きたくなると、この紐を引っ張るので、ラインが不規則にたびたび止まっていた。

これではあまりに効率が悪いので、今は休憩タイムを多めに設定して、トイレのための不規則なライン停止はなくなった。

もちろん、自分の作業をしくじって紐を引っ張るアナログ対策は今も続いている。

紐を引っ張ると、どうなるか。班長が走ってきて「おいおい、どうしたんだ」とラインを止めた理由を聞きに来る。

「あっ、すみません！　実はこれ、うまくできなかったんです」と、しくじった現象を正直に伝える。班長は「そうか、どれどれ」と言いながら、作業を手際よくフォローし、「これで大丈夫だよ」と、再びラインを動かす。

この間、大変なことが起こったような騒ぎは起きない。他の社員は黙って手を止めて、再びラインが動くのを待っている。

紐を引っ張ってラインを止めた当人も、何事もなかったかのように作業を続ける。ラインを止めてしまった焦りや気落ちするようなことはない。**いたって普通のこと**なのだ。

海外の工場から現地の社員を研修に招き、工場内を案内することがあるが、**海外の社員がいちばんびっくりするのはこのライン止めの紐**だった。

「引っ張ったらラインが止まっちゃうけど、いいのかね？」

「怖くて誰も引っ張らないんじゃないの？」

「うちの工場でラインを止めたら，班長が飛んできて怒鳴(どな)られるよ」

といった具合に、外国の工場で働く人たちには信じがたい紐だったようだ。

このとき、たまたま担当者が紐を引いて、ラインが止まるというシーンが実際に起こった。私たちが説明したように、班長が「オーイ、どうしたんだ」とニコニコしながら走ってきて、事情を聞くと「大丈夫、大丈夫」と言いながら、すぐに直していく。

そして、ラインは何事もなかったかのように動き始める。

この一連の光景を見て、海外の社員たちは目を丸くして驚いていた。まさに、カルチャーショックである。

日本のトヨタマンにとっては、これは日常的に起きること。遠慮なく、躊躇（ちゅうちょ）することなくラインを止める紐を引く。しかも、本人も上司も笑顔で対処していることに、海外の人たちは驚いているのである。

不良を後工程に流すことは罪

躊躇なく紐を引っ張ってラインを止めるのは、海外の人ばかりでなく、日本の製造業従事者にも違和感があるかもしれない。

ラインを止めれば、いっぺんに効率が落ち、場合によっては予定外の残業になってしまう。みんなに迷惑がかかるし、上司はその責任を負わなければならない。つまり、笑っていられる場合ではないのである。

普通なら、「誰が止めたんだ！」「お前か、何やっているんだ！」と、怒鳴り声が飛んでくるだろう。

そうなるから、ライン止めの当事者になりたくないと誰もが思う。したがって、自分の前に不良部品が流れてきても、見て見ぬふりをしたくなる。自分のせいでもないのに、ラインを止めた責任を負うのは御免こうむるというわけだ。

しかし、**トヨタマンはそうは考えない**。トヨタに入社すると、いつの間にか**真逆の思考を身につける**のである。

ラインを止めずに、不良部品が不良のままラインを流れてしまったら、どうなるか。

そのまま使われて組み立てられることはないとしても、不良の発見が後工程になればなるほど厄介になるのが普通だ。**ずっと前の工程で止めたときに比べて、何倍も効率が落ちる**ことは間違いない。

そして、見逃した作業者には、気づいたときに紐を引っ張らなかった後悔の念が押し寄

トラブルがあったとき……

紐を引っ張ればラインは止まる

しかし、多くの会社では

ラインを止められない

「カイゼン」の哲学を共有し
信頼し合えるから、
ラインを止められる!

せてくる。「なぜ、ここまで流れてしまったのか」と原因を追究すれば、どこかで自分の見逃しを白状しなければならなくなるかもしれない。

自立性を育んで効率化につなげる上司の対応

前述のように、私が入社後に配属されたのは法務部、すなわち製造現場のラインとは離れたスタッフ部門であるが、トヨタに入社した社員はどこに配属されても、入社後の研修で現場を経験する。私の場合は2カ月ほど現場で働いた。

たった2カ月間でトヨタ生産方式の何たるかがわかるわけではないが、先入観のない真っ白な状態で現場を経験するので、インプットされることは非常に多く、トヨタマンとしての現場感覚を少しだけ身につけられる。

もう何十年も昔の話であるが、今でもそのときの感覚は消えていない。この研修のおかげで、労働組合の専従になってから、製造現場の社員たちと腹を割って話すことができた面もある。

2カ月間の研修中、突然、ラインが止まった経験もした。レクチャーを受け、「遠慮なく紐を引っ張っていいんだぞ。迷惑な話じゃないからな」と言われていたので、「本当に止まるんだ」と思ったものの、驚きはしなかった。

ただ、社会人になったばかりの私は「班長に迷惑をかけるのは嫌だな」との思いが強く、自分の作業が原因で紐を引っ張らないように頑張ろうと、集中力を働かせていたことはよく覚えている。

実はこの感覚、つまり**「自分が頑張ればラインを止めなくて済む」という思いを持つこと**も、トヨタ生産方式のメリットの一つといえる。

すなわち、「ラインを止めるようなことをするんじゃないよ」と上からのプレッシャーにするよりも、「遠慮なく紐を引っ張れ」と言われたほうが、**本気で頑張ろうと集中力が持続する**のである。

このような会社の対応によって、社員一人ひとりの自立性が養われ、自ら効率を上げていくのがトヨタ生産方式の真骨頂であり、会社全体の文化なのである。

この文化は**隠し事を徹底して嫌う**。

したがって、近年、一部の大企業や霞が関で頻繁に明るみに出てくる隠し事や誤魔化しのような事態は絶対に起きない。

この「絶対に起きない」という自負や自信も、経営陣と社員たちが共有する信頼感に根ざすものであり、トヨタの企業文化そのものにほかならない。

歴史に残る戦後最大の危機

労使の間に絶対的ともいえる信頼感が生まれるに至った背景には、トヨタの経営陣はもとより、社員なら誰もが学び、脳裏に刻まれている昭和の歴史がある。

簡単に触れておこう。

1945年（昭和20年）8月の終戦後、日本の産業界は、日本人の勤勉さと前向きな意欲を基盤に急速に復興していった。自動車産業は、トヨタ、日産、いすゞが中心になって主にトラック生産のピッチを上げ、復興を牽引していった。

トヨタの生産台数は、1947年（昭和22年）で3922台（うち乗用車54台）、翌1948年（昭和23年）は6703台（同21台）、1949年（昭和24年）には1万台を超えて1万624台（同235台）と急増していった。

他の産業も同じように生産活動を活発化させ、日本全体が復興景気に沸いていった。この早すぎる復興とそれに伴う超インフレに危機感を抱いたGHQは、強烈な押さえ込み対策を打つ。

「シャウプ勧告」とか「ドッジライン」と言われる強制的なブレーキである。

このブレーキによって、日本経済は一転、極端なデフレとなり、産業界は押しなべて経営悪化に陥ることになる。自動車業界も例外ではなく、需要が落ち込むとともに、販売した車の代金回収が滞り、キャッシュフローが著しく悪化していった。

トヨタの場合、1949年（昭和24年）の生産台数が1万台を超えたとはいえ、その年の暮れには当時のお金で2億円の資金不足となった。この状況は、給料がまともに払えないばかりか、人員削減をしなければ経営継続が困難になるほどの危機だった。

当時のトップ・豊田喜一郎氏（2代目社長）以下の経営陣は、銀行への融資依頼に走る一方、原材料仕入先には支払い猶予と原材料の供給継続に頭を下げる日々が続いた。

しかし、頼みの銀行融資がうまく運ばない。首を縦に振る銀行はなかったのである。

喜一郎氏が最後の頼みとしたのが、日銀の名古屋支店長だった。トヨタの経営破綻が中部地区の経済に及ぼす影響を考えた支店長は、日銀が後ろ盾になった銀行団による協調融資での支援を引き受けた。

ただし、この支援には条件があった。一つは生産台数の3割削減、二つ目に販売部門の切り離し、そして三つ目が人員削減だった。

当時のトヨタに他の選択肢はなかった。倒産という最悪の事態を回避するには、条件を呑むしかない。

そこで一番の問題になるのが、労働組合との合意だった。会社は1600人の人員削減を組合に提示したが、当然のことながら承諾するはずもなく、組合はストライキで対抗するなど激しい労働争議になっていった。

トヨタ内では「大争議」と呼ばれるこの争議が、現在の労使関係の原点になっている。

労使の信頼を築いたトヨタ大争議

結末を先に述べれば、会社の倒産を回避するには合意するしかないと組合は判断し、人員削減を受け入れたのだが、労使の一方、組合だけが泣くという展開では合意は難しかっただろう。

この合意には、トヨタ労使の行く末を決定づける二つの事実が絡んでくる。

まず一つは、当時の経営トップ、豊田喜一郎社長の辞任である。簡単にいえば、「従業員の3分の1を解雇する以上、経営側も責任をとり、トップである私が辞める」という姿勢を示したのだ。

姿勢だけではなく、他の役員二人とともに実際に辞任した。この事実は、組合員一人ひとりの心に刺さり、経営陣に対する信頼感が芽生えるきっかけになった。しかし、そのことによって、組合が方針を変えるという流れになったわけではない。

実は、その数カ月前に、組合は会社側から提示された「給与の1割カット」を受け入れていた。このとき、給与カットを合意する代わりに「人員は削減しない」という条件を付け、その旨を明記した「覚書」を会社と交わしていたのだ。

組合は、この覚書を盾に人員削減を拒否し、争議を法廷にまで持ち込む。組合が名古屋地裁に「解雇差止めの仮処分」を申し立てたのである。

ところが、組合は名古屋地裁からまったく予想外の指摘をされ、仮処分の申し立ては棄却されてしまう。

何が予想外かといえば、覚書の労使の署名が、労働組合法に定める記名・押印もしくは署名ではなくゴム印だったために「正式な労働協約とは認められず無効である」とされてしまったのだ。

役員の一言が労使の関係を変えた

組合の申し立て棄却が報告された役員会では、歓喜の声が上がったと伝わっている。しかし、役員たちのこうした反応をクールに諫(いさ)めた役員がいた。生産担当取締役だった豊田(とよだ)英二(えいじ)氏である。こう発言したと伝わっている。

「書面は無効でも、約束は約束ではないか」

のちに社長を15年の長きにわたって務める英二氏のこの一言は、組合の役員のみならず、社員一人ひとりに静かに伝わっていった。

このエピソードこそ、トヨタ労使のその後の関係性を決定づけた二つ目の事実である。豊田英二氏のこの発言は、労使が「対立」から**「車の両輪としてお互いを信頼する関係」**に変わっていくエポックメイキングな一言となった。

やがて、1962年（昭和37年）に、労使は「相互信頼」という言葉を核にした「労使宣言」を締結する。その基盤になったのが、大争議におけるこの二つの事実にほかならない。


大争議は1600人の人員削減とトップおよび二人の役員の辞任で落ち着いたが、経営環境は相変わらず厳しい状況だった。

ところが、大争議の終結を待っていたかのように、神風が吹く。1950年（昭和25年）6月に勃発し、1953年（昭和28年）7月に休戦となった朝鮮戦争が日本に大きな特需をもたらしたのである。自動車産業は、トラックと共に乗用車の生産も急増し、各社とも活況を呈する。

必然的に人手が足りなくなるので、人員削減から一転して人員募集をする運びとなった。

人員削減で退職してもらった元従業員の一部も喜んで戻ってきた。組合は、「業績が戻ったら優先して採用する」旨の合意を会社と取り交わしていたのである。

対立から脱却し、「車の両輪」論を固めた労使宣言

大争議から1962年（昭和37年）の労使宣言に至るまでの時期は、日本の労働運動全般が不安定な時期だった。トヨタ労組が会社の人員削減方針と闘っている頃は、各社の労組が同様の危機に直面し、会社と闘っていた。

会社と闘う一方で、組合内部の路線闘争も激しくなっていた。

大きな流れとしては、「会社が潰れるなら労組が取って代わって会社を経営すればいい」という極論を掲げる左翼系と、「会社が潰れたら元も子もない。企業経営の健全化を前提にして経営側にものを言い、組合員の生活向上を実現すべきだ」とする穏健派が対立する構図である。

トヨタ労組内部にもこの対立構造はあった。対立の真ん中にあったのが「トヨタ生産方

式」で、「あんなものは労働強化じゃないか、搾取だ」という外部の批判的な声に呼応する組合員がいる一方で、「この生産方式を正面から受け入れなければ会社の発展はない。組合員の雇用も守れないし、生活向上も望めない」という声もあった。

実際に会社が倒産の危機に直面したときも、当然、議論は激しく分かれたと思う。しかし、トヨタ労組の当時のリーダーたちは冷静だった。

人員削減を受け入れたのは、「労組がいくら過激に闘っても、会社が倒産してしまったら、組合員の生活は会社とともに、たちまち破綻する。そして路頭に迷う」という判断があったからにほかならない。

そして争議の過程で、経営陣が「約束」を決して軽視していないこと、労組を尊重していることを肌で感じ、トヨタ労組は**「車の両輪」**と**「労働条件の長期安定的向上」**という二つの言葉に凝縮される考え方にまとまっていった。

この二つの考え方は、会社側と対立関係にあることを前提に活動するのではなく、**互いを信頼し合って業績と労働条件の向上を目指す**というものである。

このことを会社とともに明文化し、社内外に発表したのが1962年（昭和37年）の「労使宣言」にほかならない。

どういう文言だったのか。全文は長いので中心部分のみ次ページに紹介しよう。

当時、この宣言について、労組は外部に対してあまり声高に宣伝することはしなかった。今、私たちが改めて読めば、労使共通の考え方として実に合理的であり、恥ずべきところはどこにもないのだが、当時の労働運動は左翼系の考え方が主流になっていたことから、労組執行部は多少の躊躇を感じながら署名したようだ。

私が組合専従になって2年ほどたった頃、歴代委員長ＯＢ懇談会で、当時の委員長が私にこんな話をしてくれた。

「あの労使宣言の文言は、主に会社が考えたものなんだ。もちろん、執行部の大半はその考え方に同感していたが、堂々と胸を張ってやったものではなかった」

そこに別の委員長ＯＢがこう口を挟んだ。

「われわれは宣言の趣旨に賛同し、実践を心に誓ったからこそ署名したんだ」

そうだっただろうと思っていた私は、そのとき、なんだかホッとした気持ちになったものだ。

労使宣言（1962年2月）

1.自動車産業の興隆を通じて、国民経済の発展に寄与する。

わが国の基幹産業としての自動車産業の使命の重大さと、国民経済に占める地位を認識し、労使相協力してこの目的のため最善の努力をする。とくに企業の公共性を自覚し、社会・産業・大衆のために奉仕するという精神に徹する。

2.労使関係は相互信頼を基盤とする。

信義と誠実をモットーに、過去幾多の変遷をへて築きあげてきた、相互理解と相互信頼による健全で公正な労使関係を一層高め、相互の権利と義務を尊重し労使間の平和と安定をはかる。

3.生産性の向上を通じ企業の繁栄と、労働条件の維持改善をはかる。

そのために、労使は互に相手の立場を理解し、共通の基盤にたち、生産性の向上とその成果の拡大につとめ、その上にたって雇用の安定と労働条件の維持改善をはかり、更に飛躍する原動力をつちかわなくてはならない。会社は企業繁栄のみなもとは人にあるという理解の上にたち、進んで労働条件の維持改善につとめる。また、組合は生産性向上の必要性の認識の上にたち、企業の繁栄のため会社諸施策に積極的に協力する。

以上3つの基調の上にたち、

(1) 品質性能の向上
(2) 原価の低減
(3) 量産体制の確立

をはかる。

最近では、企業および労組の周年行事に労使宣言を交わす例が見られるようになったが、労働運動がまだ激しかった昭和30年代後半に、このような考え方を宣言した例は、私が知るかぎりはない。

この労使宣言は10年ごとに労使ともに再確認し、「確認宣言」を発表している。

2012年（平成24年）の宣言がちょうど50周年に当たっており、本社事務本館の敷地に記念碑を建立し、労使トップが出席した除幕式も行われている。それだけ1962年（昭和37年）労使宣言をお互いが大事にしている証左である。

惰性を嫌うトヨタは徹底して話し合う

1962年（昭和37年）に「労使宣言」をつくり、10年ごとに「確認宣言」をすることを今なお続けているというのは、いかにもトヨタらしいと思う。

とくに「確認宣言」で労使双方が**互いの考え方や役割を改めて議論し、確認し合う**というのは、惰性を嫌うトヨタならではの行事ではないだろうか。

そう、**トヨタでは、惰性で続けることを嫌い、何事も検証しながら続けるべきは続ける**という考え方がずっと貫かれている。むろん、このことはトヨタ生産方式に通じるものであり、トヨタ生産方式を発展させてきた原動力の一つといえよう。

トヨタの社員は、さまざまな機会を通して惰性で続けるのではなく、**改めて大本から考え、議論する**ことを実践してきている。

たとえば、一時金（夏・冬の賞与）の例を挙げよう。トヨタは、昭和40年代から昭和の終わりまでの約20年間、年間一時金として月給の6・1カ月分の要求・妥結をずっと続けていた。会社の利益が増えようが減ろうが6・1カ月分である。

そのため、景気がよいときには組合員のほうは「もっと要求してもいいのでは」と思い、6・1カ月分を不満に思う。一方、会社は「景気が悪く利益が厳しいときに6・1カ月分は苦しい」と思う。

しかし、約20年の長い期間、労使はお互いに6・1カ月分の要求・妥結を守り続けたのである。

こんな話がある。

1982年（昭和57年）にトヨタ自工とトヨタ自販が合併し、当時の日本最高額である7000億円超の利益を出したときのことだ。

当時の書記長が「日本一の利益が出たのだから、もう6・1カ月分はやめて、要求額を上げることも考えたらどうか。その理屈を議論してみろ」と執行委員を焚きつけた。

執行委員のほうは、「やった〜！」と喜び、「この際、6・5カ月分でもいいのでは」などと議論をした。ある日、議論をしている最中に、書記長が現れ、しばし議論を聞いていたかと思うと、大きな声でこう口を挟んだのである。

「そんな底の浅い議論ではダメだ。今年も6・1カ月分だ。それを職場にどう理解してもらうのか、そこを一から議論し直せ」

かくして長い議論と職場への説得を続け、大半の納得を得てから、会社に6・1カ月分の要求をし、会社側ともしっかり議論し、結局、例年通りの6・1カ月分で落ち着いた。

6・1カ月分の長い実績があり、ずっと続けてきたのだから、もう原点に戻るような議論はせず、「今年もいつもの通り」で終わらせればいいのに……と思われるかもしれないが、トヨタではそうはいかないのである。

毎年同じ結論に落ち着くことがわかっていても、**根本から議論をするのがトヨタウェイなのである。**

第1章のまとめ

- トヨタには「カイゼン」という哲学がある
- 多様な意見があっても、共通哲学があれば話はまとまる
- 相互の信頼関係がなければ、会社は強くならない
- 成果に対しては報酬で応えなければいけない
- 問題が生じたときは5回の「なぜ？」で原因を追究する
- 毎年同じことでも、原点に返って議論をする

第2章

妥協をしない
トヨタの
話し合う仕組み

逆風に晒されていたトヨタ生産方式

トヨタ生産方式では、一人ひとりが自ら考え、自ら行動するカイゼンを通じて常なる能率向上を求められている。今日より明日、明日より明後日と、能率向上への努力は際限なく続き、**「もうこれでいい」というゴールはない。**

ゴールもなく、際限なく能率向上への努力を強いられるということで、私が入社した頃は、トヨタ生産方式に対して、社外の人たち、とりわけ労働組合関係者から厳しい批判の声が上がっていた。

「トヨタの生産現場にはひどい労働者いじめがある」「あの生産のやり方は搾取以外の何物でもない」といった具合である。

私が入社する2年前の1973年（昭和48年）には、トヨタの工場を舞台にした『自動車絶望工場――ある季節工の日記――』（鎌田慧著、現代史出版会のちに講談社文庫）という本が出版され、話題になった。

私も読んだが、鎌田さんが期間工として実際に働いた経験を基にしているので、なかなか迫力があり、当時、大学生だった私は「そうか、トヨタって、こういう会社だったのか」と思ったものだ。地元企業で愛着があったので、ちょっとがっかりした部分もあった。

もっとも、その2年後には「絶望工場」の社員になっているのだから、本心までこの本に引きずられたわけではなかったのだろう。

あちこちからの批判的な声をはね返すかのように、トヨタ経営陣は鋭いことを社員に向けて言い続けた。「乾いたタオルも絞れば水が出るものだ」と言った豊田英二氏の言葉は有名だ。

この言葉は、能率向上のアイデアは絞れば絞るほど出るもので際限はないという意味であるが、一部のマスコミや学者は「社員から搾り取れるだけ搾り取る」という意味に捉え、いっそう批判が広がっていった。

こうした声に英二氏は憮然（ぶぜん）としながら、こう解説している。

「あの言葉は解釈が違う。乾いていると思えても、空気中には湿気があるから、タオルはまた湿ってくる。だから、また絞らなければならないという意味だ」

要は、**カイゼンの知恵は「もう出しきった」と思っても、日にちがたてば、新たな問題が潜んでくる。潜伏していた問題を新たに発見するには、また知恵を絞らなければならなくなる。だから、カイゼンに終わりはない**――ということである。

トヨタマンの大半はそう受け取っていたと推測するが、社内外を問わず、トヨタ生産方式の真髄を本当に理解するには多少の年月と経験が必要なので、誤解する社員もいたかもしれない。

海外の社員となると、余計に理解は難しくなる。外国法人の社員にラインを見学させたときに彼らが驚いたのは、例の紐の問題だけではなかった。作業する現場の社員たちの能率的な動き、きびきび働く姿を見て、私にこう話してきた。

「こんなに速い動きを要求されて、よく労働者たちはストライキをしないな」

欧米の常識から見ると、信じられないほど、きびきびした働き方だったのだろう。

案内している私たちからすると、当たり前の動きなのだが、目を丸くしているところを見て、日本の工場と海外の工場ではそれほど作業者の動きに差があるのかと、こちらも驚いてしまった。

「乾いたタオルを絞る」心地よさ

「自動車絶望工場」なる言葉が飛び出すほど、世間の逆風は強まっていたわけだが、その中でトヨタ生産方式を日々実践していた社員たちは、どんな気持ちだったのか。

決して心穏やかではなかっただろう。家族や友人たちに「大丈夫か」くらいのことは言われたかもしれない。

そんな状況の中で入社した私も、決して気持ちのよいものではなかった。

しかし、新人研修のために現場に入り、先輩社員たちと一緒にトヨタ生産方式に触れてみたとき、いろいろな心配は消えていった。

現場の先輩社員たちは決して嫌々仕事をしているわけではなかった。外国の労組幹部が目を丸くした「きびきびとした速い動き」は確かにあったけれど、そこに批判的な見方など出てくる余地はなく、ただただ「すごいなあ」と感心するばかりだった。

一人ひとりの働く姿に〝やらされ感〟はなく、すべての動きが明らかに自分の意思によるものであることは、入ったばかりの私にもわかった。

わずか2カ月の工場体験だったが、社員のスタートとしては非常に有意義なものだった。もちろん、わずか2カ月の体験程度でわかるほど、トヨタ生産方式は底の浅いものではないし、「乾いたタオル」の何たるかも、新人研修だけで理解できるはずもなかった。

ちなみに、「乾いたタオル」について、のちにわかったことがある。

「乾いたタオルを絞る」が如く常にカイゼンを意識して作業をしていると、**「タオルを絞っている」ことがだんだん心地よくなってくる**ということだ。

どう心地よいのかというと、**カイゼンの知恵が自分の頭の中に次々に湧いてくることが素直に嬉しい**のである。

たとえば、自分の前工程が何かのカイゼンをして、後工程への渡し方を微妙に変えたとする。すると、後工程の自分も、現在のやり方をそのまま続けていいのかどうかという発想が自然に浮かぶ。そして、知恵を絞ると、なんらかの知恵が湧いてくる。

この瞬間が心地よいのである。湧いてきた知恵を前工程に話すと、

「グッドアイデアだね。こっちの工程もそれに合わせて、さらに改善できそうな部分があ

カイゼンのループが始まる

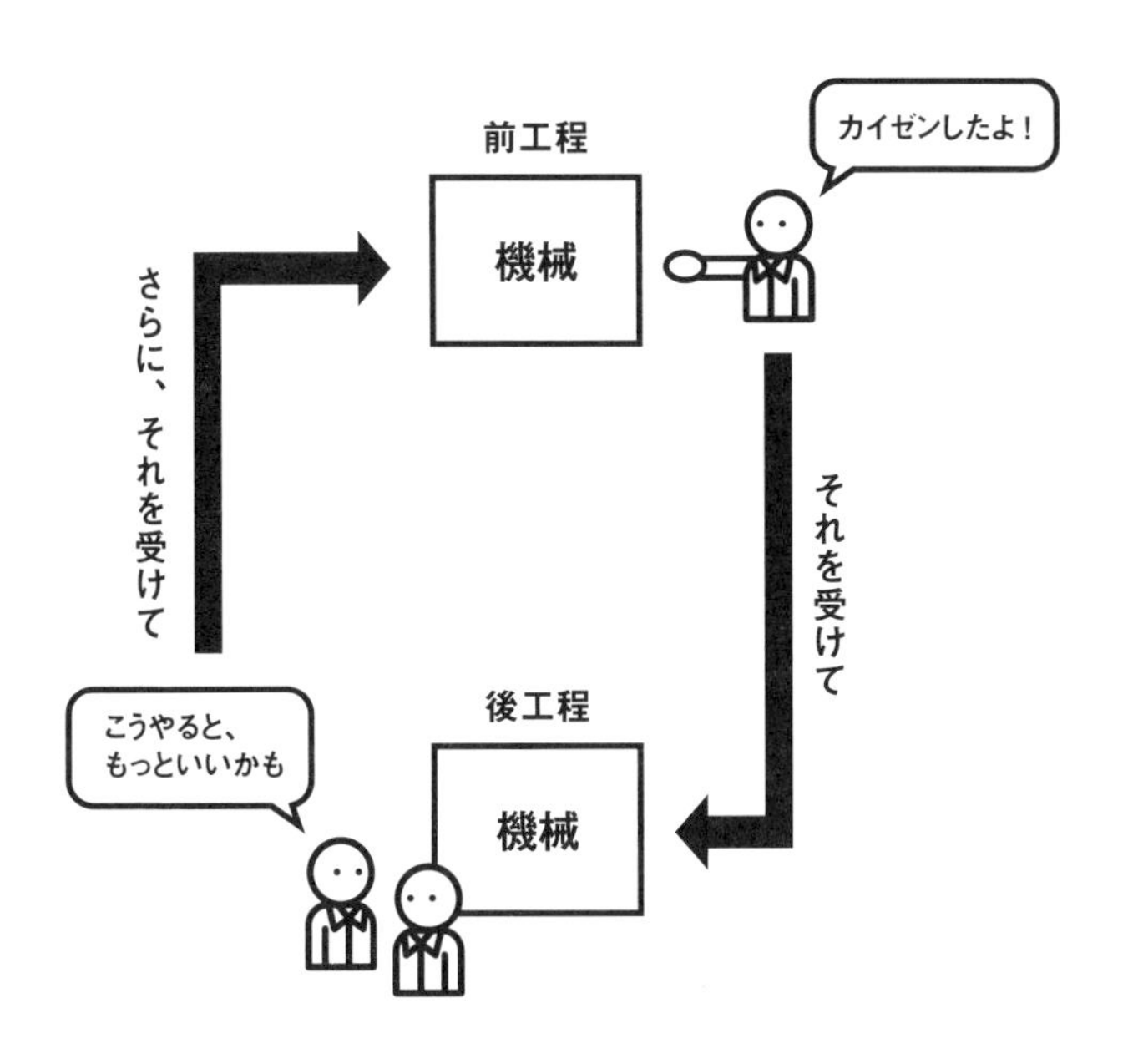

話し合いによって、
さらに新しいカイゼンが生まれる

るかもしれない」

と、前工程のさらなるカイゼンもまた浮かんできたりする。

前後の工程を担当する**二人のコミュニケーションがさらに新たなカイゼンを呼ぶ**という展開である。際限なく知恵が湧くというのは、たとえば、こうした展開によって実践されているのである。

世界一に導いた「相互信頼」という力

知恵が湧くことを心地よく感じるためには、絶対的な条件がある。

それは、**一人ひとりが会社を信頼していること**である。

信頼は一朝一夕にできるものではない。信頼関係を築く要件の一つといっていいのは、前章で述べた知恵に対する**金銭的な対応**である。たとえ1件500円というわずかな報酬でも、何十年もずっと続けていることに意味があるのだ。

創意工夫提案制度についていえば、会社は決して惰性で続けているわけではない。毎日考え、毎日知恵を絞り、毎日試してみるという努力の重要性は、トヨタ生産方式の根幹を成すものであり、その努力の証しとなる知恵に対して報酬を与えている。これは至極当然であると捉え、疑問の余地がないからこそ続けているのである。

会社への信頼を保持しているもう一つの要素は、1962年（昭和37年）の**労使宣言の揺るぎない継承**である。トヨタ労組の歴代役員は、この宣言の重大さを実感し、中身を確認しながら活動の根幹に置き続けてきた。

トヨタ労組には、トヨタ生産方式を批判的に捉える向きはもうほとんどいないだろう。批判どころか、トヨタが生産台数世界一になった勝因はトヨタ生産方式であることを素直に認めている。

むろん、議論は際限なく続けている。そして、トヨタ生産方式にとって最も大事なことは、実際に生産に従事している社員一人ひとりの**「自主性」**であり、その自主性を育み支えているのは、**会社への信頼感**であることを何度も確認しているのである。

一方、会社も社員を信頼しているという言い方もできる。

ただし、「社員を」では、あまりに抽象的であり、建て前だけの見かけの姿勢にも見えてしまう。抽象的な信頼や建て前では、労使宣言で謳った「相互理解」や「相互信頼」を築きえない。

そこで会社は、「全社員」とか「社員一人ひとり」という抽象的な捉え方ではなく、社員一人ひとりが加入している「トヨタ自動車労働組合」（本稿では「トヨタ労組」と略している）を相互理解と相互信頼の対象とし、さまざまな機会を通して腹を割った話し合いを続けてきたのである。

会社は話し合いの中で、いつでもこう強調していた。

「問題や要望など会社に言うべきことがあれば、まず組合の役員に言うようにしてくれ。必ず解決できるから」

この言葉には、会社が労組の取り組みに高い関心を持ち、評価し、その上で積極的にコミュニケーションを図ろうとしている姿勢も窺える。

「相互理解」「相互信頼」というのは、双方がこうした**日々の具体的な呼びかけ、行動、努力をしてこそ、実現し続けていく**のである。

トヨタを世界一に導いたのは、間違いなくトヨタ生産方式であるが、そのトヨタ生産方式が威力を発揮した背景には、労使の**「相互理解」**と**「相互信頼」**があったことを強調しておきたい。

「労使対等原則」を守り抜く

トヨタの労使はこうして相互に信頼し合う関係を築くことによって、トヨタ生産方式をより実効あるものにしてきた。

この関係を壊さないためには不可欠の条件がある。**お互いが対等であり続けること**、すなわち**「労使対等原則」を守り抜くこと**である。お題目のように、口で言うだけではない。実際に対等であることを形で示すことが大事で、その形を崩すと、信頼関係にほころびが生まれてしまう。

対等の形でいちばん気を使わなければいけないのは、**誰が誰と話すのか**、である。

労使の協議に出席するのは、賃金交渉の場においては、会社側は社長と担当役員であり、最後に必ず社長が一言話す。組合側も委員長が代表して最後に一言話す。

賃金交渉は双方にとって最も重要な協議なので、お互いトップが出席して発言する。賃金に次いで大事な協議では、会社側は担当役員、組合側は担当副委員長となる。

労組の幹部たちは、この「労使対等原則」を大事にしてきた。「お互いを信頼し合うためには、労使対等原則を守っていかなければならない」と。

「労使は対等である」と口で言うのは簡単だが、それを実際に貫いていくのは、そう簡単ではない。

そこで労組は原則的なルールをつくった。

「対等」の形をあらかじめつくっておくこと、すなわち**「カウンターパート」（話し合う相手）を決めておく**のである。

具体的には、委員長のカウンターパートは社長、副委員長は担当副社長、局長の相手は人事部長をはじめとする部長、工場の支部長は工場長（常務取締役クラス）、職場委員長はそれぞれの担当部長といった具合だ。

このルールは、いわば「お互いの立場を尊重している」ことを形で示していることにほかならない。したがって、「今日は都合が悪くなった」と安易にドタキャンし、代理を立

「対等」はまず形から入る

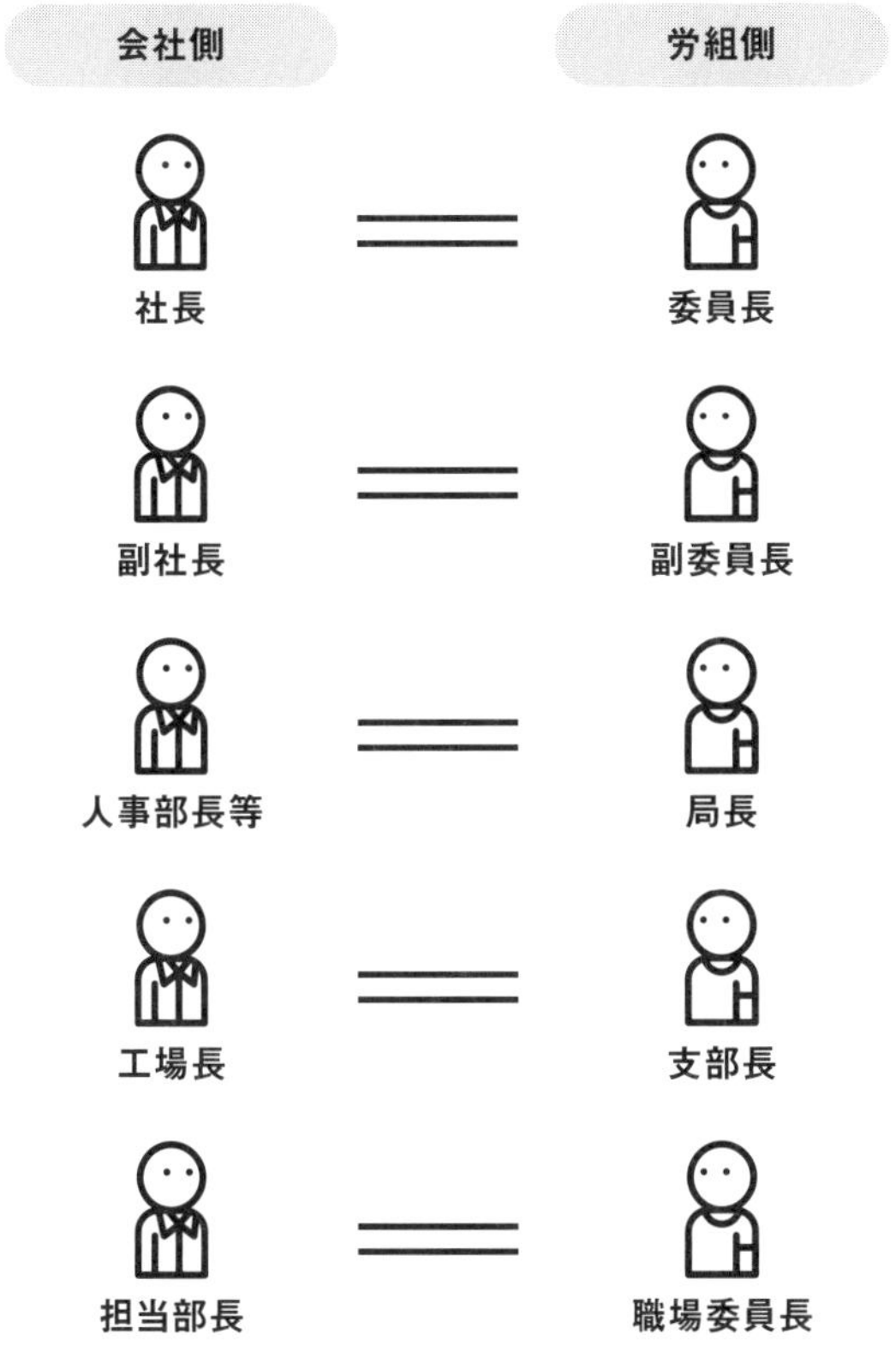

会社側		労組側
社長	＝	委員長
副社長	＝	副委員長
人事部長等	＝	局長
工場長	＝	支部長
担当部長	＝	職場委員長

対等になる話し相手が決まっている
この形が大事！

てたりするのは「労使対等」と「相互信頼」の趣旨に反しており、積み上げてきたものがそこから崩れていくと考えるのである。

会社も組合も大事にする問題解決のルート

こうした考え方に会社も異存はなく、労組と同じように相手の立場を尊重する。協議の場だけではなく、普段から気を使ってくれている。

私がトヨタ労組の書記長になったのは36歳のときであるが、会社は書記長という立場を十分理解し、若造の私を尊重してくれた。カウンターパートは担当役員（専務取締役）で、50代半ばの大先輩だった。

組合執行部の役員でなかったら話をする機会すらなかったと思うが、年齢も社歴もかなり下の私に何においても対等に付き合ってくれた。

立場を尊重してくれるのは、もちろん書記長だけではない。執行部の役員経験者はみんな同様の経験をしているし、職場委員（各職場の組合員代表、組合専従ではない）も同じように、それぞれの職場の代表として尊重されている。

職場の職制で、職場委員は班長クラスになるが、一社員から職場の問題指摘や改善要求があった場合、それを班長として受け止めるのではなく、職場委員として受け止めることになる。

つまり、**班長として職制ルートを使って会社に改善を要求するのではなく、職場委員の立場で労組役員に問題を上げて労組で検討し、それから労組として会社に要求する**という段取りになる。

職制上の上司に相談すると、先ほど例示したように、「職場環境や働き方に関する問題や要望があれば、まず組合の役員に言うようにしてくれ」と返答されることが多い。これが真っ当な対応であり、そのほうが実際に解決は早いのである。

もし組合を通さずに職制で問題を解決したことが判明した場合、執行部の役員から会社の当該部門に抗議するケースもあった。会社も、組合を通すのが正しいルートであると了解しているので、その都度、当該部門の上司に「これは組合を通すべき問題ではないか」と、フィードバックすることになる。

組合と会社のこのようなやりとりを重ねていくことで、社員一人ひとりに**「自分たちが働く職場の問題は自分たちで解決する」という考え方が自然に身についていく**。

トヨタ社員の「自主性」というのは、トヨタ生産方式だけでなく、こういうところからも育まれていくのである。

「自分で考える力」を端折らない議論から始める

自主性を育み、常に「自分で考える」ことを習慣化するために、私たちが大切にしてきたことは、ほかにもいくつかある。

たとえば、**どんな議論も端折(はしょ)らず、必ず原点から議論する**こともその大きな一つである。

その一例は一時金に関するところですでに触れたが、毎年同じテーマを検討する場合、端折ることなく原点から議論することを私たちはずっと続けてきた。

端折ろうと思えば、いくらでも省略できる。社員の成長よりも効率化を優先するならば、議論などはしないで、どんどん事を進めていけばいい。

しかし、トヨタの社員たちは端折らない。そのため、トヨタではよく**「決めるまで時間がかかる」**と言われる。

ただし、このフレーズには後段もある。

「決まったら、やることは早い」と。

この評価は、その通りだと思う。金太郎アメの揶揄とは違って、こちらはほめ言葉と受け止めてもよいだろう。重心は前段より後段にかかっているからだ。


会議の生産性を重視する会社では、「この問題は以前にも議論しているのだから、共通する部分は要点を確認するだけにしよう」といった端折り方をすることが少なくない。

トヨタではこのパターンはやらない。たとえ以前と共通する部分があるとしても、その部分を含めて問題の原点から議論する。そのことを前提にして、参加者それぞれが改めて最初から考えるのである。

会社であるからヒエラルキーは当然ある。トップダウンで物事を決め、社員に指示すれば効率はいいに決まっている。

もしトヨタがそういう会社だったら、トヨタ生産方式はスムーズに機能しなかっただろうし、世界一になることなど、夢のまた夢だったに違いない。

トヨタでは何か新しい仕事を始めるにあたって、できるだけ多くの社員が参加する会議で、仕事の目的や計画の中身を確認し、細かい進め方を話し合う。すべてがそうでなければならないというわけではないが、少なくとも強く奨励されている。

議論に参加していない者が実行に携わると、仕事の目的や意義など基本的なことを十分理解していないのでミスが起こりやすいのである。

できるだけ多くの人が参加し、時間の経過を気にしないで議論することによって、**細部を含めた仕事全体を理解することができる**。

そうしたベースがなければ、一人ひとりが「**自分で考え**」「**自分でミスなく実行する**」**習慣**は身につかない。トヨタの社員が一人前なるまでには、新人研修の段階からこうした経験を積んでいるのである。

労組が土壌をつくる職場の話し合い

時間がかかっても全員が納得するまで話し合い、それぞれが自主的に仕事を進めていくことは、トヨタウェイにほかならない。そして、この話し合いの仕方をトヨタ社内に広げたのは、なんといってもトヨタ労組の取り組みが大きいのではないかと思う。

労働組合の期の始まりは一般に9月である。9月に始まるトヨタ労組の秋は忙しい。運動方針研修に始まり、翌年春の労使交渉すなわち春闘の方針づくり、労働諸条件改定交渉の取り組みに向けた職場議論……という具合に、役員を中心に秋は議論ずくめ、話し合いずくめになる。

とりわけ大変なのは、**社員として職制の仕事をしながら多くの議論に参加する職場委員**であろう。職場委員は、自分が所属する職場の意見をまとめるという大事な役割を担っている。

もとより労働組合は会社のヒエラルキーに縛られない民主的な組織であるから、組合員一人ひとりの意見を大切に考えなければならない。組合員は誰に遠慮することもなく自由に発言できる。

実際に、職場ごとに行われる組合の会議、すなわち「職場会」では、好き勝手なことを言う。職制の上司には言えないような要求を職場会で熱く訴える人もいる。

意見も要求もさまざまで、いわば十人十色。そうした**職場会の議論を一つにまとめるのが職場委員**である。

さまざまな意見といっても、それぞれの価値観、生活観、仕事観を本音で語るだけなので、難しい議論になるわけではない。徹夜の議論になることもない。

職場委員は事前に組合から配布された資料を読み込んで、自分なりの考えを整理し、明確にしておかなければならないが、参加する職場の社員たちは、職場会において要点を把握し、そこで思ったことを発言すればいい。

職場委員は、最終的に、取り組み内容についての「職場合意」をまとめて、それを組合に上げる。組合としては、「合意」をすべての職場から取り付け、「全組合員の合意」という交渉のベースをつくることになる。

職場委員は、このベースづくりを主体的に行う。こうしたプロセスを経験することによって、労使の歴史や関係性を学ぶことになるし、それは同時にトヨタで働くことの意味を改めて確認する作業にもなる。

それはすなわち、**トヨタウェイをより深く理解し、自分の身体に染み込ませていくプロセス**でもある。

最も効果的な「10人単位」の話し合い

職場委員の立場を社員全員が経験できれば、トヨタウェイはもっと盤石になると思うのだが、現実的には無理な話だ。

私は経験上、**会議や話し合いは10人前後で行うのがベスト**だと思っている。全員が結論に納得するためにも、会議や話し合いを実のあるものにするためにも、**10人前後をベーシックな単位にする**のが最も効果的になる。

会議を進めていくには進行役のノウハウがある程度必要になるが、進め方を学び、実地に訓練できるのも10人程度が最適だ。10人程度だと、**一人ひとりの顔が見えるし、表情に浮かぶ本音も窺い知ることができる**。それほど広い部屋は必要ないので、**声がよく聞こえないということもない**。

10人単位の会議や話し合いにこうした効果があることは、もちろんトヨタ労組で実証してきたことである。

トヨタの職場を担当ごとにグループ分けしてみると、おおよそ10人前後が一つの単位になる。職場委員はこの最少単位の職場で働く社員から意見を聞き、労組としての方向性についてメンバー全員の理解と納得を得るのである。

私が執行委員をしていた頃は、組合員が5万5000人くらい（管理職などを含めた全社員では6万7000人）だったので、職場委員は5500人。現在（2018年）は、組合員は7万人（全社員では8万人）くらいに増えているため、職場委員はおよそ7000人になっている。

職場委員の任期は1年か2年なので、職制の管理職になるまで平均15年とすると、職場

話し合いは10人くらいがちょうどいい

こんなメリットがある

❶ 各人の表情が見えるので、
本心かどうかを把握できる

❷ 広いスペースを必要とせず、
各人の発言が聞き取りやすい

❸ メンバーが多すぎないので、
招集しやすい

委員を経験するのは3人に1人程度ということになる。

組合専従になった頃、先輩に**「労働組合は会社の教育機関だ」**と教えられたが、トヨタマンとして育ち、長く活躍していくのに、職場での数々の議論はとても有効だったとつくづく思う。

みんなが本音の話し合いをする

職場会での話し合いは、いつでも、誰でも本音である。上司の目を気にして一所懸命に建て前の意見を捻(ひね)り出す必要もないし、職制の会議のように「私はわからない」ということもない。

労働組合の取り組みは、労働条件をよりよくすることによって生活を向上させるというシンプルではっきりした方向性を持っている。

一人ひとりの組合員にとってもこの方向性は共通しているし、難しいことは何もない。つまり、労働組合の取り組みはすべて**「自分のため」**なのである。

そして、10人程度の手頃な人数でなんのハードルもなく話し合える場は、**フェイス・トゥ・フェイスのコミュニケーション力を育む絶好の機会**になる。10人程度の話し合い単位にこだわってきたのは、こういう意味も含んでいる。

ちなみに、産業別労働組合（産業ごとにくくられた労働組合の連合体。自動車メーカーは、全日本自動車産業労働組合総連合会）の交流などで聞いてみると、他社の労働組合の最少単位の人数は40〜50人、少ないところで30人程度だった。

このくらいの人数になると、顔が見えなかったり、声がよく聞こえなかったり、一人ひとりの存在感が薄くなってしまう。また、部屋を確保したり、連絡や伝達をしたり、職場委員の手間もばかにならない。

同じ職場で10人ぐらいなら、昼休みにちょっと声をかけてパッと集まることもできる。要は、話し合いを仰々しく行うのではなく、**気軽に集まって短時間で話し合う**ことが可能なのだ。

職場会では、多数決で安易に物事を決めることはしない。時間がかかっても必ず**「全員納得」の結論を求められている**。

何度やっても、何時間やっても全員の納得が得られない場合もある。そんなときは執行委員に助っ人を頼むことがある。職場会の途中でも、執行委員に「今、お願いします」と電話をして、来てもらうのだ。遠慮はいらない。執行委員も気軽にやって来てくれる。

トヨタ労組の話し合いでは、全体を通して、あまり堅苦しくはない。堅苦しくて難しい雰囲気にしてしまうと、本音ではなく建て前の理屈で参加する人が増える。

一緒に生活向上を目指すのだから、**話し合いは自分の思いを素直に言える場でなければならない**のである。

多数決で物事を決めないのは、なぜか？

民主主義の組織で物事を決める場合は、多数決が定番である。しかし、トヨタ労組では、民主主義イコール多数決という考えに与(くみ)していない。

理由は、民主主義は少数意見を尊重することが基本であり、最も大事な姿勢だと考えているからだ。

民主主義の対極にあるのは、全体主義や封建主義である。全体主義や封建主義の社会では、個人の意見など尊重されないどころか、そもそも権力者はそれらに関心すらなく、権力者とその取り巻き集団の考え方ですべてが決まる。

こう書くと、直ちに思い浮かぶのは某国の統治体制だろうが、民主主義社会の中で活動しているさまざまな組織にも、権力を握る者の意思だけで運営されているところはいくらでもある。

会社についてみると、とりわけ上場会社は、一応、民主主義的な運営をしているところが多いと思うが、代表取締役を長く続けていると、権力が集中し、全体主義や封建主義の社会のような体質になりがちだ。社員個人の意向など、頭の片隅にも浮かばないという代表者もいる。

一方、労組は組合員一人ひとりの生活向上を目的にした組織であるから、個人の意見を大事にするのは至極当たり前のことである。

個人の意見を大事にするということは、**少数意見を切り捨てることなく尊重し、丁寧に対応する**ということだ。

丁寧な対応とは、どういうことだろうか。

具体的には、**意見の中身を掘り下げて話し合うこと**。つまり、それこそ**「なぜ？」5回の法則に沿って掘り下げていくこと**でもある。その上で、お互いに納得して合意する。これが民主主義の基本的な運営方法だと思う。

多数決はこの重要なプロセスを途中で切り上げて、多数の意見を少数意見者に強引に押しつけることになりかねない。

ただし、労組の運営も、時間が無限にある中で行われているわけではない。専従以外の組合員は仕事をしている会社員であるから、限られた時間の中で決めるべきことを決めなければならないときもある。

そういう場合には、少数意見者の意思を一部取り入れた上で、多数の意思を全体として結論づけるしかない。**「少数意見を大切にした」という証しが大切**なのである。

トヨタ労組の民主主義的な決め方

以上は、労組一般の話であるが、トヨタで物事を決めるときも、基本的にはこの筋道から外れることはない。

トヨタ労組は、民主主義の意義にできるだけ忠実に活動していこうと考えてきたし、これからもその基本姿勢は変わることはないだろう。

では、具体的にどのように物事を決めているのか。トヨタ労組がずっと実践してきた決め方をお伝えしよう。

活動について具体的な方針等を決める会議は、大きいところでは二つある。

一つはすでに紹介してきた**「職場会」**。すなわち、7万人の組合員の意思を反映させる話し合いの場である。この話し合いの場は、先述の通りおよそ**10人単位**で行われる。

もう一つは、執行部の最高決議機関である**「執行委員会」**である。執行委員は**60人**。この60人の委員が、執行委員会という議論の場で、組合活動に関する最終的な意思決定を行うことになる。

職場会でも執行委員会でも、多数決は採用しない。多数意見に対して反対意見を強く主張する者がいたら、**納得するまで議論する**。これはすでにお伝えしている通りである。

職場会を開催したり、話し合いを進行させたりするのは、一人の職場委員である。一方、最高決議機関の執行委員会は、他の労組と少し違っている。議長の役目を果たすのは委員長や書記長ではなく、企画広報局長である。

一般に、欧米では書記長が、日本の他の労組では委員長が議長を行っているところが多い。執行委員会では議論することや決めることが大小たくさんあり、議長の果たす役割は非常に重要だ。

その大事な役目をトヨタ労組では伝統的に企画広報局長が担っている。

企画広報局とは、運動方針をはじめとするさまざまな方針の原案づくり、会社との折衝窓口、執行部全体の運営や大会・評議会の運営、上部団体等との渉外、規約・規程の管理、広報物の企画・編集・発行など、幅広い活動をする部門である。

企画広報局長が執行委員会の議長を担う理由は、「執行部の運営に属することだから」ともいえるが、実際は運営という狭い領域ではなく、労組のいちばん大事な議論の場を司(つかさど)っているのである。

議長であるから、当然、権限もある。議事進行に関しては、三役（委員長、副委員長、書記長）といえども口を挟めない。

7万人の社員の意見のまとめ方

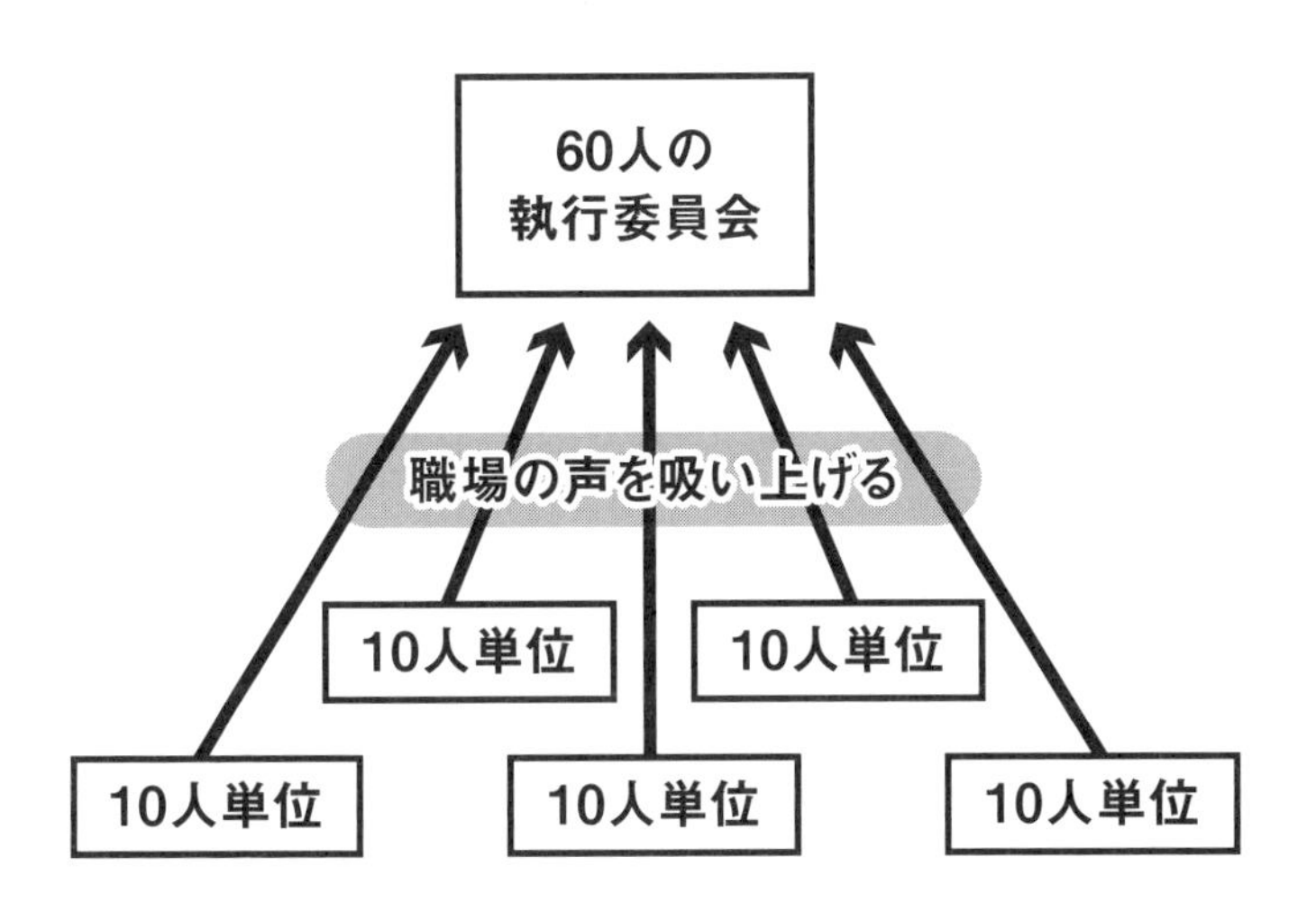

基本

・安易な多数決で決めない

・反対者がいたら、納得するまで話し合う

・独断的なトップダウンを排除するために、
最高決議機関（執行委員長）の議長は
トップ3ではなく、企画広報局長が務める

なぜ三役も口を挟めないほど強い権限があるのかといえば、**トップダウンで物事を決めることを避けるため**である。これは、民主主義的運営を徹底したいがために引き継がれてきた伝統にほかならない。

トップも口を出せない権限を与える理由

実は私も2年ほど企画広報局長を経験しているので、三役より下の局長に最も重要な議事の進行を任せる理由を肌で感じることができた。

民主主義的な運営といっても、人は権限を持つと、その権限によって物事を進めようという気持ちがどうしても芽生えてくる。そのほうが早いし、簡単だからだ。

それを**「仕方がない」で放置しておくと、権限の集中が進み、民主主義的な運営から遠く離れてしまう**。

議論進行中に、突然、三役の一人が議長を無視して「よし、これで決めるぞ」などと大きな声を出して決めつけそうな場面は実際にあったし、これからもあると思う。

企画広報局長になる人は誰もがそのことを十分承知し、決して強権的な声に流されない覚悟ができていると思う。少なくとも私が任命されたときは、そうした覚悟を持っていたし、それだけ重要な役割を担っていることを十分理解した上でその任に就いたものだ。

もっとも、トヨタ労組の三役の中で、本当に強権を発動して物事を決めようとする人は、私の知るかぎりはいなかった。

三役の誰かが「これで決めよう」と言ったとしても、議長が全体を見渡して「納得していない者がいる」と判断すれば、**「いや、まだです」の一声で会議は続けられた**。

議長のこの采配に文句を言う三役はいなかった。歴代三役の誰もが議長の立場を理解し、尊重してきたのである。

決定しそうな結論に対して60人全員が納得しているかどうかは、議長をしていればわかる。**60人くらいまでなら、なんとか一人ひとりの表情が読み取れる**ものだ。

そこで議長は、納得していないと見られる者に「○○さんは、どう考えている?」と名指しで確認する。すると、たいがいは「その結論には賛成しかねます」などと答えるので、「では、反対の理由をみんなにわかるように具体的に述べてください」と議長は促す。

意見を述べると、「実は私もそう思っていました」という人が出てくる。それも議長はすでに予想しており、「では、議論を続けましょう」ときっぱり宣言し、議論は続けられる。

この間、「これで決めよう」と言った三役の意向はあまり気にしていない。議長の頭の中にあるのは、とにかく**「全員納得」**でしかなく、たとえ1時間、2時間と**予定時間をオーバーしても議論を続ける**のである。

最後は、「全員納得」の証し、「異議なし」とか「よし」といった声を全員から得られたことを確認して会議は終了する。

役職は関係ない、いつでもオープンマインドで

なぜ「全員が納得する」ことを重要視しているのかといえば、それぞれの立場で職場に入って説明するときに、本心から理解し、納得していなければ、職場の全員が納得できるような説明ができないからである。

職場には労組の活動に対してアウトサイダー的な考えを持つ論客もいるし、大きな声で

威圧的に発言をする社員もいる。そのような人を説得するときに、**本人が中途半端な理解と納得しかしていなかったら、説明しきれるわけがない**。

説明しきれなければ、労組の方針や考え方が全組合員に浸透せず、組合の活動にほころびが生まれ、全体の活動に支障をきたすようになる。

また、説明しきれないことは、労働組合の役員という立場だけでなく、トヨタ社員としても心許ない。つまり、**トヨタウェイを身につけたトヨタの社員として一人前に成長していないことになってしまう**。

トップダウンを避け、全員納得を重要視している背景には、トヨタ労組に脈々と流れる以上のような考え方があるのだ。

このような考え方から外れないように、大事な議論の場では三役も平場に降りて、他の参加者とまったく同じ立場で話し合うことになる。権限を持っているのは議長だけで、**それ以外の全員が対等な立場で自由に発言する**。

このことを不満に思う三役はいない。議論の場で自分の立場を誇示するような人物は、そもそも三役にはなれない。

トヨタ労組の歴代三役は、会議の場だけでなく、普段から組合役員や組合員とフラットな関係を保っている。エラそうに踏ん反り返っている三役に、私は一度もお目にかかったことがない。

委員長のカウンターパートは社長であるから、労組の中では最もエライ人であり、他の労働組合では委員長と対等に話ができないこともある。

トヨタ労組の歴代委員長はそれとは正反対、いつもオープンマインドで、みんなに接している人ばかりだ。私の経験では、日常的には「○○委員長」といった堅苦しい呼び方をせず、ニックネームで呼んでいた。

労組にもヒエラルキーはあるが、職制のヒエラルキーのように堅苦しい上下関係はない。少なくともトヨタ労組の場合は、**極めてフラット**なのである。

真の納得なしに人は動かない

フラットな関係の中で、フラットな議論の経験を積んでいけば、ごく自然に自立心が育

ち、どんな機会にも自らの意見をしっかりと言える人間になっていく。

トヨタウェイを身につけたトヨタマンとは、そういう人間だと確信している。

労組専従になったとき、「労働組合は会社の教育機関だ」と先輩から言われたように、振り返れば、職場会や執行委員会に代表される議論の場は、まさしくトヨタマンとしての教育の場だったとつくづく思う。

今日の会社の中に、「全員納得」を目指して、とことん議論するような場は、いったい、どれだけあるのだろうか。

忙しいビジネスパーソンはとにかく結論を急ぐから、〝とことん議論〟などという場面はほとんどないかもしれない。

とことん議論どころか、メールに頼り、フェイス・トゥ・フェイスの話し合いをする機会すらない会社が少なくないと思う。

そういう環境の中で働くビジネスパーソンは、指示待ち人間に陥ることが少なくない。上司のほうも、部下の納得など気にせず、指示・命令だけで仕事を割り振りする向きが多くなってきている。お互いにそのほうが楽といえば楽なのだ。

しかし、**これは非常に危険な傾向**である。

会社の組織が指示待ち人間ばかりで構成されていたら、業績拡大は望めない。現状維持も難しいと思う。

トヨタがそういう組織だったら、今日のような発展は絶対になかった。その意味で、会社の教育機関たる役目を果たしてきたトヨタ労組の存在は非常に大きいと思う。

労働組合がなければ、自立性もコミュニケーション能力も育たないというわけではもちろんないし、上司が指示することを否定的に捉えているわけでもない。

私がアドバイスしたいのは、部下の立場であれば、上司の指示を丸ごと鵜呑み(うの)みにするのではなく、**少しでも疑問に思うところがあれば、臆せず堂々と上司にぶつけてほしい**ということだ。

一方、上司のほうは、**部下からの疑問や確認をうるさがらず、丁寧に対応することが大事**であろう。

「時間がない」「そのくらいのこと、自分で考えろ」といったコミュニケーション拒絶の日々を送っていては、会社は強くならないし、業績が向上することはありえない。

自発的な社員をつくるには……

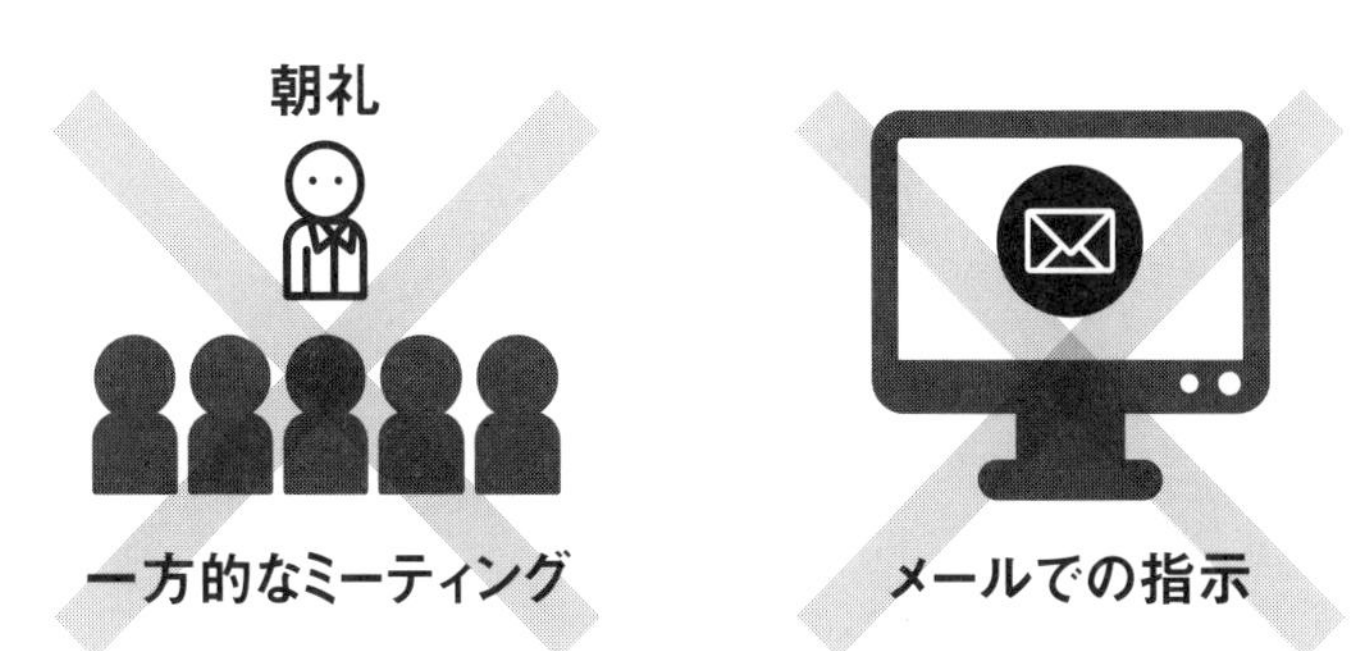

上司と部下がなんでも話せる関係

トヨタが世界一になりえたこともさることながら、毎年のように兆単位の営業利益を発表している背景には、**上司と部下が遠慮なく議論するコミュニケーション風土が築かれているから**にほかならない。

トヨタの場合は、そうした上司・部下の関係と個々人の能力を労組活動が側面から育ててきた、と私は思っている。

労働組合がない会社の方へ

本書をお読みいただいている読者には、労組がある会社にお勤めの方もいれば、労組のない会社にお勤めの方もいることでしょう。後者の読者のみなさんが、ここまでお読みいただいたことに、まずは感謝いたします。

そこで一言、付け加えておきます。

会社に労働組合がないとしても、社員同士が本音で話し合う場はあるのではないでしょうか。上司のいないメンバーだけの部会を開く機会があるかもしれません。時には、同僚同士で飲みニケーションをする機会もきっとあるでしょう。職制の上司が入らないプロジェクトチームを組み、みんなで心を一つにして新しい仕事にチャレンジすることもあるでしょう。

そうした機会に行われる本音の話し合いは、トヨタ労組で行われるコミュニケーションと性格的には大きな差はありません。

ただし、そうした話し合いがいつの間にか会社や上司への不満をぶつけ合う場になってしまうとしたら、それは私たちが行ってきた、また行っている話し合いとはまったく違います。

トヨタ労組では、会社と対立関係になることを望まず、「労使相互信頼」を基本ベースに、会社も、一人ひとりの組合員（すなわち社員）の人生も、限りなく向上していくことを目指してきました。

そのことは**本質的に考えれば、労働組合があろうがなかろうが、読者のみなさんと共有できること**だと考えています。社内のさまざまな話し合いの機会が、**一人ひとりを尊重しつつ、常に前向きに行われているならば、トヨタの話し合いと同じ**なのです。

そう捉えて、最後までお読みいただければ嬉しく思います。

第2章のまとめ

- コミュニケーションが新しい「カイゼン」を生む
- 「相互理解」と「相互信頼」がなければ頑張れない
- 「対等」はまず形からつくっていく
- 話し合いは10人単位が最も効果的
- 多数決で安易な決定をしない
- 時間がかかっても全員が納得するまで議論する
- フラットな関係でフラットな議論ができると、自立した社員になる

第3章

優れたトヨタマンを育てる「人づくり」の秘訣

自分の限界を決めないトヨタ社員

仕事には困難な局面が付き物である。困難な要素が何もなく、誰にでもできて、山も谷もない仕事にやりがいを求めるのは難しい。どんな仕事にも問題は必ず出てくるし、予想外の壁にぶつかって立ち往生する局面も現れる。

カイゼン哲学が身につき、「乾いたタオルを絞る」トヨタの社員は、どんな問題が出てこようが驚くこともなく、淡々と問題を解決していく。進捗（しんちょく）を妨げる大きな壁にぶつかっても怯（ひる）むようなことはない。

とはいうものの、問題を感じないのが普通といえる状況から、潜在していた問題を捉え、本質的なカイゼンにチャレンジしていくことが多いのだから、実際には大変なのである。

大変ではあるが、カイゼン哲学を身につけたトヨタマンたちは大丈夫。頑強な精神で「なぜ？」を繰り返し、真因をつかみ、そして壁を乗り越える。

こう書いていると、ちょっと持ち上げすぎかなという気もしてくるが、トヨタの社員たちはこう書きたくなるほど問題や壁には平気で立ち向かっていく。

もちろん、全員がそうかといえば、そんなことはない。比率は低いが、壁にぶつかって気持ちが折れる社員だって間違いなくいるし、はじめから問題の発見を避けようとする社員だっている。

困難に直面して気持ちが折れてしまう社員と、あくまで壁を乗り越えようとチャレンジし続ける社員とでは、**何が違うのか**。

入社した時点では、はっきりした違いはなかったはずだし、そもそも採用の際にふるいにかけられているだろう。

最初は、みんな潜在的にチャレンジ精神を持った若者だったに違いない。

新人教育の機会は、基本的にみな同じである。配属先が違っても大きな違いはない。しかし、実際に配属された職場で仕事を始めると、さまざまな面で差が出てくる。**一番の差は、仕事に対する意識の持ちよう**であろう。

少しばかり厄介な問題や手に負えない壁にぶち当たったとき、「これは自分では解決できない」と早々にあきらめて、先輩や上司に助けを求めてしまう人たちがいる。

一方では、**人に頼らず、まずは自分の力で解決しようと、粘り強く立ち向かっていく人たち**もいる。

前者は自分の限界をはじめから決めてしまう人。後者は自分の限界を安易に決めず、粘り強くチャレンジし続ける人だ。

自分の限界を決めないのは、自分自身の可能性を信じ、**頑張ればできるはずだと考える思考が身についている**からにほかならない。こういう人たちには「この辺でいいや」という妥協心はない。自分の力があるレベルに達したら、また次のレベルへと目標をどんどん高くしていく。

すなわち、**終わりなき自己開発**をしていくのだ。

「職場」＋「労組」でトヨタマンが育っていく

トヨタ生産方式の下で育てられるタイプは、いうまでもなく、自分で限界を決めることなくチャレンジし続ける人だ。

「自分の力ではこれ以上は無理」という発想がないので、常に前を向き、幅を広げ、自分の可能性を開いていく。モチベーションが下がるようなこともない。

このように自己開発意識の強い人間は、何事も自分の頭で考え、自分自身でやってみないと気が済まない。

たとえば、前任者の仕事のやり方を漫然と続けていくようなことはせず、あくまでも**自分が納得する方法を探して進めていく**。

一つの方法でうまくいかなかったら、やり方を変えて、納得するまでトライ&エラーを繰り返しながら、最適な方法を編み出していく。

これはまさに**「カイゼン」のプロセスであり、「トヨタウェイ」である**。このカイゼンのプロセス、トヨタウェイを哲学として身につけ、日々、普通に実践している人が筋金入りのトヨタマンといえる。

逆に、なんの疑問も感じずに現状を受け入れ、漫然と日々を過ごしているような人は、トヨタ社員として長く活躍し続けることは難しい。

経団連会長(2002~2006年)を務めた奥田碩(おくだひろし)・第8代社長(1995~1999年)は、口癖のように「変えないことがいちばん悪い」と社員たちに言い続け、自らもトップ

2つのステージで鍛えられる

ステージ1 職場

・カイゼン哲学
・5回の「なぜ?」
・創意工夫提案制度

など

ステージ2 労働組合

・10人単位の話し合い
・全員納得の原則
・フラットな関係でフラットな議論

など

としてさまざまな改革を実行した。

では、義務のように日々「変える」ことを求められる社員たちは、どのようなプロセスを経て一人前のトヨタマンに成長していくのか。

育てるステージは二つある。

一つは、当然、**自分の職場**。毎日、仕事を進めていく場所である。

もう一つのステージは、**労働組合**である。労組の活動が優秀なトヨタマン育成の片棒を担いでいるのだ。ここは他社と大きく異なる点ではないだろうか。

この二つのステージで鍛えられた社員が、筋金入りのトヨタマンとして、製造現場や自動車市場で、あるいは世界各地の拠点で活躍するのである。

それぞれのステージで具体的にどういうプログラムで鍛えられているのか、簡単に紹介しよう。

自前の育成プログラムにこだわる

まずは、職場における人材育成である。

配属された職場において、先輩社員から教え込まれる、いわゆるＯＪＴは世間一般と大差はない。

私が、おそらくトヨタ特有だと思っているのは、節目ごとに**10～15人くらいの単位で実施される集合研修**である。この研修では数年上の先輩社員が講師となる。

ちなみに、**10～15人**という人数は、前章で述べたように、会議・話し合いが最も効果的に行われる人数であるが、**研修の場でもやはり最も効果的なサイズ**だと実感している。

この新人対象の集合教育を含めて、トヨタは**「自社の社員は自社で育てる」**ことにこだわっている。

外部講師を呼んで座学をやるとか、民間の教育機関が行う研修に派遣するといった育成方法は、一部の専門的な研修を除いて行わない。基本的に、すべて自前の育成プログラムで育てている。

その自前のプログラムのうち、私の印象に強く残っているのが、入社直後の研修として行われる2カ月間の現場実習である。

「トヨタに入ったら、何よりもまずトヨタ生産方式を肌で感じよ」というわけで、いきなり自動車の製造ラインに放り込まれるのだが、学ぶ点は非常に多かった。

入社直後に経験したこの現場実習の印象は、私だけではなくOBを含めて、多くのトヨタ社員が共通して持っているものだと思う。

とりわけ、私のように管理部門や事務部門に配属された者にとって、トヨタ生産方式の一端に触れることができた価値は非常に大きかった。製造現場だけではなく、販売の現場も経験させてもらったが、このことも自動車市場を肌で感じ、また実際にトヨタの車に乗ってくれるお客様の気持ちを理解するという点で、多くのことを学ぶことができた。

指導してくれた先輩社員への驚き

先輩社員による最初の職場集合研修は、入社5～6年の若手が対象となる。

このときの研修で最も多くの時間を費やすのは**トヨタ生産方式**であり、**どの職場でも必須となる問題解決の手法**である。**「"なぜ？"を5回以上」**は、このタイミングで集中的に学ぶ。

たとえば、「自分の仕事や周囲の環境でカイゼンしなければならないことを、今、探してこい」と言われ、具体的なカイゼン対象を俎上(そじょう)に上げると、先輩は「それはなぜだ？」と次々に問い詰めてくる。

中途半端な答えを口にすると、「それは全然真因じゃない」と指摘され、「もっと真因に迫る原因を掘り下げてくるように」と宿題を与えられたりする。

法務部に配属されていた私の場合は、次のような具合だった。

私「訴訟のための準備作業の段階で、弁護士にうまく説明できませんでした」

先輩「**なぜ**、うまく説明できなかったと思う？」

私「事前の勉強が足りなかったのだと思います」

先輩「**なぜ**、足りなかったんだ？」

私「その週の仕事が集中して、勉強する時間が取れなかったのです」

先輩「弁護士との面談がいつ頃になるかは1カ月前くらいからわかっていたはずだ。自分の仕事の日程調整、時間調整を早いうちからやっておき、訴訟の中身や弁護士への説明に向けた勉強時間をあらかじめ確保していないことが一因であるのは確かだな」

私「はい、そう思っています。すみません」

先輩「では、**なぜ**早いうちからの調整ができなかったのかな……」

と、こんな会話になる。

まさに**「なぜ？」の連発**である。

当時、まだ新入社員の域を出ていなかった私は、指導してくれる先輩に対して、「なんで、この先輩は私の仕事の細部までよくつかめるのだろう。トヨタの社員ってすごいなあ」と、驚いたものだ。

ちなみに、当時、私の指導役になった先輩社員は、法務部の先輩ではなく、購買部の係長だったと記憶する。他部署の先輩なのに、私の部署の仕事をよく知っているのでびっくりしたという面もある。

教える側もよく勉強している

トヨタの社員を「すごいなあ」と感じたのは、このときばかりではない。労組専従になってから、さまざまな職場の社員と接し、話し合いをする中で、ますますトヨタ社員のすごさを実感するようになった。

トヨタ社員の優秀さは、いうまでもなく、はじめから身につけていたものではない。先輩社員からの教えと、このあと説明する労組での活動によって鍛えられたものだとつくづく思う。

先輩が後輩に仕事を教えるのは、どこの会社でも当たり前に行われていることだが、その教え方によって若手社員が伸びていくかどうかが決まるのだから、教えるほうはかなり勉強が必要だ。

その点、後輩を教える**トヨタの社員はよく勉強している**。決して、自分の経験だけで教えてはいない。

世間一般の実態はというと、そうでもなく、過去の経験ばかりを後輩に無理やり押しつけるような教え方がまだまだ多い気がする。

ここ数年、スポーツの世界ではずいぶん教え方が変わり、上から強圧的に指導する向きは批判され、場合によってはパワハラで訴えられることもある。また、指導効果の点でも強圧的な教え方は後退してきている。

職場でのＯＪＴも同じで、**経験だけを頼りに上から目線で教えるやり方は、もはや若い人たちには通用しなくなっている**。教え役を担うトヨタの社員は、そうした時代の流れも十分にわきまえているのだ。

人づくりに熱いトヨタの風土

トヨタの社内では**「人づくり」**という言葉がよく使われているが、トヨタは伝統的に人づくりに熱心であり、後輩の指導を厭(いと)わない風土ができている。トヨタという会社が持つ一つの文化といってもいいだろう。

そして、人づくりの現場は職場だけではなく、労働組合も同じ風土、同じ文化で人づくりを実践しているのである。

労組における人づくりについてはのちに詳述するが、私は労組専従になってから、若い社員を骨太のトヨタマンに育てようという意識を持つようになり、現場に出て積極的に若い人たちと話すように努力したものだ。

トヨタの人づくり文化で特徴的なのは、先に述べた問題解決手法などカイゼンの考え方や方法の教え方だけではない。もう一つ、**失敗に対する先輩や職場の上司の対応**がある。

カイゼンのループが始まる

5回の「なぜ?」の指導の裏には……

- 上司（先輩）も一緒に考える
- 部下（後輩）の悩み解決のヒントを用意
- 問題解決のための環境を整える

一人ではないから、
困難な問題にも対処できる!

第1章で紹介したライン停止のケースなどは、その典型例であろう。自分が原因でラインを停止させるのだから、大きな失敗にほかならないのだが、班長は停止の原因をつくった当人を責め立てたりしないことは第1章で説明した通りである。

このライン停止のケースのように、実際に失敗した社員がいたとしても、それを怒鳴ったりすることは、どの職場でもない。私もやられたことはないし、そんな場面はあまり聞かない。

後輩や部下が失敗した場合に、先輩社員や上司が共通して行う指導の基本は**「一緒に考える」**ことである。

もちろん、本人が自分自身で考えることを大事にしているので、**本人が考えやすいような環境をつくる**とか、**ヒントを与える**といったことを通して一緒に考えるのである。

先の私と先輩社員との会話が一つのパターンになろう。先輩社員は、キツイことを言いながら一緒に考えてくれている。「自分で考えてこい」と宿題を与えられる場合は、**教えるほうも一所懸命に考えてくる**。

このようにトヨタの職場を振り返ると、トヨタの人づくりは、実にていねいに行われていると、改めて感じる。

文句が出ない昼休みの話し合い

さて、もう一つの育成ステージ、労働組合の活動についてである。労組の活動が優秀なトヨタマンを育てるというのは、他の会社にはない特徴だと思う。

若手の社員が労組で鍛えられるといえば、前章でも触れたように、職場委員の経験がいちばんの早道である。だが、職場委員にならなければトヨタマンとして育たないというわけでは、もちろんない。

職場委員を経験できるのはザッと3人に1人なのだから、3分の2の社員が人づくりの対象外となったら世界一の自動車会社には到底なりえない。

職場委員は、一緒に仕事をしている10人ほどの組合員を集めて「職場会」を執り行う。職場の仲間の意見を聞いたり、労組の方針などを説明して納得してもらう役目を担っている。ただし、この**「納得を得る」**ということが、そう簡単ではないのである。

しかも、その話し合いは労働時間外で行われるのだから、当然、無給である。したがって、職場委員はできるだけ短い時間で済ませたいと思っているわけだが、話し合いであるから長くなってしまうこともある。

どんな話し合いでも、説明や質問などを省略することはできず、なかなか全員の納得が得られない場合は、回数を増やすしかない。とはいえ、終業後に何回も行うわけにもいかないから、最近は、昼休みに職場会を行っている。現在、昼休みは45分しかないので、みんなで食事をするのが15分程度。残りの30分程度が話し合いになる。

ちょっと忙しすぎる気もするが、不満の声はどこからも聞こえてこない。昼休みに職場会を行う場合は、組合の費用で弁当を提供することができるので、そこに組合員がメリットを感じている面もあるだろう。

ちなみに、1時間あった昼休みが45分に減ったのは、夜勤を廃止して連続二交代制という新しいシフトを実現するために、労働時間を短縮する一環としてであった。この変更は、当然、労使の話し合いによって合意したものだから、誰も文句を言わない。

短い時間での職場会を重ねながら、職場委員は「全員の納得を得る」という役目を果たさなければならない。

この**「納得を得る」ための話し合いこそ、人づくりの貴重な機会になる**。回数を重ねることによって、一人ひとりが、普段はあまり機会がないであろう**「聞くこと・話すこと」を経験し、その大切さを理解するようになる**からだ。

また、職場委員は職場会が結果的にそうした人づくりの場になることを理解し、自分の熱心さ、一所懸命さを組合員に見せながら役割を果たしていく。

話す・聞く力が自分の可能性を切り開く

私も入社2年目に職場委員を経験し、自分より年齢がずっと上の先輩組合員に、こう言われたことがある。

「入社したばかりの若いあんたが熱心に職場委員をやってくれるから、出ないわけにはいかないなあ」

今も覚えているくらいだから、これは素直に嬉しい声かけだった。職場委員を頑張ってやっていることに対して、自分の中で誇りを感じた一言でもあった。

入社2年目の若造が先輩社員の見本になるなんて微塵も思っていなかったが、後付けで考えると、自分が熱心に職場委員を務めていると、「みんな積極的に出席してくれるし、職場会の雰囲気もよくなる」とは実感していた。

雰囲気のよさは必然的に熱心な話し合いにつながり、みんなが本音で話し、人の話を正面から聞き、そのことによって自分の考えをしっかりまとめることができるようになる。

つまり、私が教育係になって人づくりの一端を担うということではなく、**職場会の雰囲気と話し合いのプロセスが「よく話し、よく聞き、よく考える」社員を自然につくっていくのである。**

フェイス・トゥ・フェイスで話す・聞く力は、人の成長には欠かせないものだ。話す・聞く力を軽視したら、人としても、またビジネスパーソンとしても自己開発の道が閉ざされ、一人前には到底なれない。

その意味でも、**職場会は人を育てる格好の場**になっているのだ。

よく言われていることだが、メールやSNS（Social Networking Service）がコミュニケーション手段の主流になっている今日、フェイス・トゥ・フェイスでの「話す・聞く」能力

話す力と聞く力が人を育てる

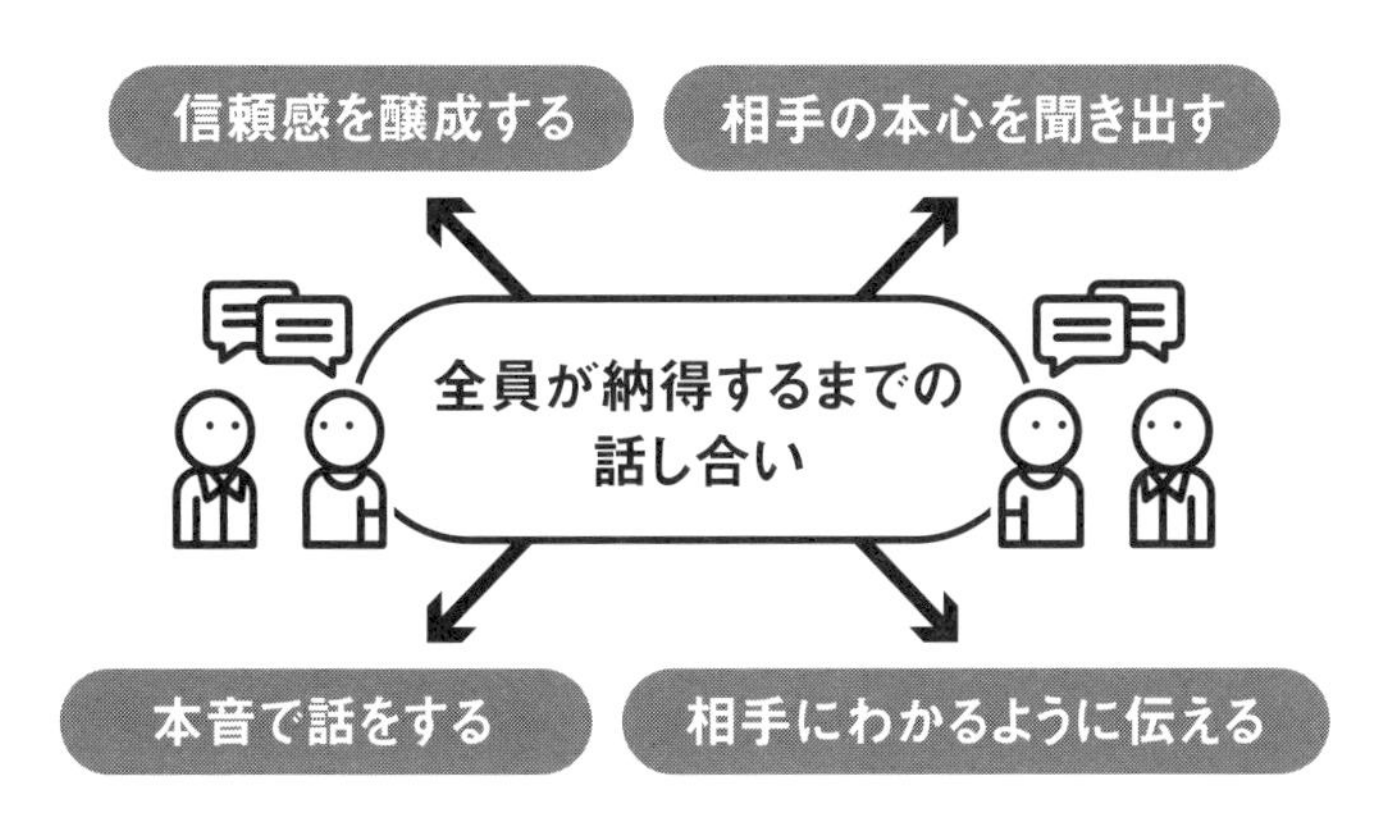

・上司・部下とのコミュニケーション
・顧客との対話力
・プレゼン能力
・会議やミーティングでの発信力

などがアップする！

が急速に低下している現実がある。

これは由々しき状況であり、このことによって失われていくビジネス能力はかなり大きいのではないだろうか。

ネットばかりに頼っている人間は、上司や同僚ときちんと話せないし、相手の話を聞く力もない。ミーティングや会議で発言できない。お客様とも話せない……これで仕事をどう進めるのかと、はなはだ心配になる。

職場委員を中心とする**フェイス・トゥ・フェイスの話し合いは、コミュニケーション能力を高める格好の機会**である。

話題はすべて、それぞれの生活や日々の仕事に直接関わってくるものだから、10人ほどのメンバーは、本心で向き合い、本音で話す。聞くときは正面から受け止める。

建て前の理屈ではなく、**本心からの思いをぶつけ合う話し合いは、やればやるほど人間力が高まっていく**。**経験すればするほど、仕事の面でも、人生の面でも成長していく**ことは間違いない。

気軽に声かけされる努力が大事

「全員納得」を実現するには、果たさなければならないことがほかにもある。たとえば、日頃の労働環境や労働諸条件などについて率直な意見を聞き、それを上位者である評議員や職場委員長に報告することである。

その報告を組合は真摯に受け止め、今度は組合の中で話し合いが行われ、解決の道を探ることになる。

こうした日常的に出てくる社員の不満や疑問を吸い上げていくことは、職場委員の大事な仕事である。

一般的には、職場の日常的な問題は直属の上司に相談すればいいと考えるのが普通だが、それは現実的には簡単なことではない。

「こんなことを言ったら怒られるかな」「軽く扱われて、まともに考えてくれないかも」

などとネガティブな気持ちが働いて、遠慮してしまうことが多いだろう。その点、職場委員であれば「そうだ、職場委員長の○○さんに相談してみよう」と気軽に相談ができ、問題解決の糸口を見つけることができる。

私が入社後2年で職場委員を経験したように、職場委員は入社して何年もたっていない若い組合員が指名されることがほとんどである。

となると、自分よりも年上の組合員に対応することが多くなり、その場合は相談というより、「これ、組合のほうでなんとかならないか?」といった調子で、文句のような要望を受けることになる。

こうした**要望を受けることは、コミュニケーション力を高めることにつながっている。**

同年代の同僚でも、先輩でも、遠慮なく声をかけてもらう。それは職場委員ばかりでなく、職場委員長（600〜700人の組合員を代表する。職制では「工長」クラス）であっても、評議員であっても、実に気軽に声をかけ合う。

相互の気軽な声かけがトヨタ労組の基本方針であり、前にも触れたように、私も専従になってから、よく現場に顔を出して一所懸命に働く社員たちとコミュニケーションを図るようにしていたものだ。

何でも話し合えるコツ

相手がネガティブな気持ちにならないようにする

●気軽な声かけ

●上下関係をつくらない

フラットな関係

●言いにくいことを聞き出す

こうした日常的な努力があってこそ、職場委員や組合役員に対する信頼感が醸成され、その**信頼感があるからこそ、みんなが気楽に相談や要望を話してくれる**のである。

会社が高く評価する「労組の人づくり」

組合専従ではない職場委員、評議員、職場委員長が組合員から相談を受けたり、要望を聞いたりするのは、まったくのボランティア。つまり無給である。報酬らしきものがあるとしたら、職場会の昼食弁当くらいだ。

しかし、無給であることに不満を漏らす人はいない。どんな問題でも徹底して話し合い、全員が納得すること、すなわち「全会一致」を原則としているのだから、時には夜遅くまでかかることもあるし、短い昼休みの時間を連日のように奪われることもある。

評議員や職場委員長ともなると、もっと大変だ。

トヨタ労組の最高議決機関は、年に1回行われる定期大会だが、定期大会に次ぐ議決機関である評議会は、支部評議会を含めて年間20回ほど行われる。

評議会には、評議員はもとより、職場委員長も出席しなければならないが、この評議会だけは、トヨタ労組が人件費を補償した上で就業時間内に行われる。

評議会の下に位置する議決機関が職場委員会で、さらにその下に位置する末端の議決機関が職場会となる。

評議会が行われる前には、職場委員会と職場会でそれぞれ話し合いを行い、それぞれ全会一致で意見がまとまることを義務づけられている。職場会は短い昼休みに30分程度で行われるようになっていることは既述したが、年20回の評議会の前に合意形成するのだから、年間かなりの回数になる。少なく見積もっても40〜50回くらいにはなるだろう。

ということは、一つの職場会ごとに毎週に近い頻度で話し合いが行われることになる。職場委員は6000人ほどいるのだから、**全社合計では、その数ざっと30万回！**

改めて計算してみると、とてつもない数の職場会、すなわち本音の話し合いが行われているのである。これを人件費で換算すると、どのくらいになるのだろうか。もちろん無給なのだから、実際には会社の負担はない。

では、会社は「どうぞ、お好きなだけやってください」と無関心のままでいるのかといえば、そんなことはないのである。

会社は職場委員や評議員、職場委員長の活動を高い関心を持って見ている。そして、役割をしっかり果たしている組合員（社員）には、**人事評価の際にそれなりの配慮を加えているのである。**

職場委員も評議員も、役割を果たすことは自分の勉強になると考えている人がほとんどだ。勉強になるというメリットに加えて、会社が自分のことを評価していると感じれば、トヨタ社員としてのモチベーションは上がるに決まっている。

この**「会社の評価」**と**「社員のモチベーションアップ」**というよき関係の背景には、長年にわたって培ってきた**「労使相互信頼」があること**は強調しておきたい。

職場委員長は現場で働くみんなの相談役

トヨタ労組時代に私が「優秀な人だなあ」と感じることが多く、会社も非常に高く評価しているのは、たびたび俎上に上げている**職場委員長**である。

職場委員長は非専従であるから、労働組合の活動をしていないときは一人の社員として普通に仕事をしており、既述のように、現場の職制では100人程度の上に立つ工長クラスが多い。

社歴も長いので職場委員から始まる組合活動の経験も豊富で、組合組織の中での信頼度は上からも下からも高い。そして同時に、現場のリーダーを務める社員としても、やはり一様に高い信頼を受けているのである。

実際、職場委員長を務めると、かなりの確率で職制の「課長」に上がっている。だからといって、職場委員長自身が出世街道を意識しているわけではない。出世が目的だったら、組合の中での信頼感は、後退はあっても上がることはないだろう。

職場委員長は、あくまでも組合員一人ひとりを意識し、組合員のために一所懸命に役割を果たし、その結果として組合からも会社からも信頼されているのである。

トヨタ労組にいた時代に、私は何人かの職場委員長の優秀さに感激しているのだが、強く印象に残っているのは、職場のメンバーみんなの相談を積極的に受けている光景だ。

よく聞いてあげる、よく聞き出す、時間を忘れて徹底的に話し合う、といった具合に、真正面から相談を受け止め、よい結果を生むための対策を一緒に考えたりするのである。

このように、**職場の一人ひとりの悩みや不満を上の者が真摯に聞き出し、一緒に解決策を考えるというのは、トヨタ労組の伝統**であり、**その伝統から醸成されたトヨタという会社の文化になっている**といえる。

本人が意識せずとも、職場委員長というのはこの伝統、あるいは文化を先頭に立って継承していく役割をしっかり果たしているのである。

腹を割って話せる労使懇談会

労使が時の経営課題を忌憚(きたん)なく話し合う場として、**労使懇談会**がある。

経営側は社長をはじめとする役員全員、労組側は委員長を含めて幹部が勢揃いする。そして、互いに正面から向き合って、**本音で意見交換をする**のである。

この懇談会は経営課題を話し合うだけでなく、**話し合いを通して、労使相互信頼を確認**

し、**いっそう高めていく場**でもある。

これまでは年に3回行っていたが、２０１８年から懇談会そのものは原則として年に1回となり、代わりに、担当副社長などの分野別責任者が、執行部はもちろん、職場委員長や評議員と直接対話する場が設けられるようになった。

懇談会で話されるテーマについては、基本的に懇談会の中で方向性を見いださなければならないので、事前にある程度調整されているのが常である。しかし、時には会社にインパクトを感じてもらうために、労働組合がシナリオにない発言をすることもある（これは委員長、副委員長、書記長の特権である）。

思い出すのは、書記長になってから最初の労使懇談会だ。少々自慢話のようになってしまうかもしれないが、労使懇談会の一端を知っていただくためのエピソードとして披歴したい。

書記長になる少し前、企画局長（現企画広報局長）のときに、私は意識して工場に出向き、現場に潜在または顕在する問題をつぶさに把握しようと精を出していた。

ある日、工場を回っている途中でトイレを利用した。工場のトイレを利用するのははじめてではないが、なぜかそのとき、あまりにも「汚い！　臭い！」ことに驚いた。汚れ放題の場末の公園のトイレのような状態で、清潔好きの人にはとても我慢できないレベル。「これでは女性は絶対に使わないな」と思ったものだ。そもそも当時は男性ばかりの職場だったので、女性専用はなく、男女兼用だった。

男性ばかりの職場といっても、女性禁止ではないし、何かの用事で女性が利用することもあろう。「女性は工場の現場には配置しないからいいんだ」と時代遅れの方針を貫くのも変だ。

男女差別の問題は措いておくとしても、「このトイレの状態は労働環境として劣悪すぎる」との思いから、それからしばらくトイレの調査に入った。

調べてみると、全工場でトイレの数は500個ぐらい。その全部ではないが、各工場に出向いて、かなりの数のトイレを自分の目で確かめた。私が確認に行けないところは、職場委員などに確認してもらった。

そして、調査を完了した私の結論は「予算はかなりかかるだろうが、ほとんどの工場のトイレをきれいにつくり直す必要がある。喫緊の課題」だった。

懇談会で工場内の全トイレの改修を即決

「全トイレを改修すべし」の結論を会社側にどうぶつければ素早く対応してくれるかと考えたところ、近い日に労使懇談会があった。社長や担当副社長を含めて役員が全員出席するのだから、結論は早いに決まっている。

トイレの調査を行っていたとき、私は企画局長だったが、次の労使懇談会のときには書記長になっている。このことも好都合だった。

「書記長になってから最初の労使懇談会だ。事前のシナリオにはないこの問題をいきなりドカンとぶつけてみよう」

そう腹を決めて労使懇談会に出席。書記長になると、経営側の接し方も変わるものだと感じながら、タイミングを計って、こう発言した。

「みなさんは工場のトイレに入ったことがありますか？　入ったことがないとしても、ご自身の目でトイレの中を見たことはありますか？　少し前に、たまたま私は工場のトイレに入ったのですが、非常に汚いのです。においもひどい。

そこで全工場のすべてのトイレを点検してみました。その結果、いずれのトイレも利用するのを躊躇するほどに汚い・臭い状態でした。

トイレは生産性の高い施設ではありませんが、職場のトイレが、入るのを躊躇するような劣悪な状態にあるのは、**人を大切にしている会社だとは思えません**。女性が使う機会は少ないと思いますが、どの工場にも女性用トイレがないことも問題です」

経営側の出席者は、虚を突かれたように驚いた表情をしている。会議の管理責任者である人事部長の顔が真っ青になっていた。

すると、生産担当の副社長が発言した。

「今の書記長の話、腹にぐさりと来た。とてもいい話をしてくれた。書記長の言う通り、人を大切にしている会社がこんな状態のトイレを放置しているわけにはいかない。この話はすぐに対策しよう」

労使ともに反対する人はいない。出席していた労使双方の役員全員が副社長の発言に本心から納得して頷(うなず)いたのである。

労使懇談会で**全員が納得して決まったことは、直ちに実行される**。

副社長はすぐに施設部に話をしてくれて、その年に3億円の予算を取ってくれた。その後、約3年間で全工場の全トイレがきれいになった。このことで、私は労使からしばらくの間「トイレ書記長」と呼ばれたものだ。もちろん悪い気はしなかった。

経営では目につかない職場環境を隅々までチェックする

トイレは人間にとって不可欠の設備であり、大勢の人が働く会社では、職場環境の一つとして整備しておかなければならないものだ。このことについて反論する余地はない。

また、トイレは「なんでもいいから、あればいい」というものではない。

昔の高度成長期は誰もが売上げを上げることに夢中だったので、職場環境にまで考えが及ばなかったのは容易に想像できる。

私は入社後の現場実習で、工場のトイレを抵抗なく利用していた。入社は1975年（昭和50年）で、まだ高度成長期時代の空気が残っていた時代ゆえ、職場環境の大切さまで考えが及ばず、トイレの汚さを違和感なく受け入れていたのかもしれない。

お客様相手の会社や店では、そうはいかない。当たり前のことだが、サービス業や小売業は高度成長の時代でもトイレをきれいにしていた。

私がトイレに着目したきっかけの一つは、国鉄がJRに民営化したときに駅のトイレを一斉にきれいにし、巷（ちまた）で話題になっていたことである。「もう汚いトイレを我慢して使う時代じゃない。工場のトイレはひどい」と、そんなふうに感じていたのだ。

おそらく、工場の社員たちもそうした変化を感じ、「うちの工場、トイレが汚すぎるよな」と話題になっていたに違いない。

しかし、同僚同士で話題になっても、会社に要望を出すほどまでには切羽詰まっていなかったのだろう。

一方、会社の経営陣や管理職、そして労組の役員たちは、普段は工場のトイレを利用しない。だから、劣悪さに気づく機会がない。それに、本社ビルや工場事務所のトイレは毎日掃除して、いつもきれいになっているから、工場のトイレにまで思いが至らなかったであろう。

製造ラインの生産性とカイゼンについては高い関心があっても、**工場の職場環境が及ぼす生産性への影響には考えが及んでいなかった**のかもしれない。

これは世界一の自動車会社として少々情けない。

企画局長だった私がトイレのカイゼンに着手したのは、製造ラインに関わる問題だけでなく、働く意欲と生産性に影響する環境について、現状はどうなっているのか、職場の隅々まで把握しておきたかったからである。

働く環境については、経営サイドではつかみきれないだろうという思いもあった。であるならば、労組がその任を担わなければならない。

企画局長時代に毎日のように現場を見て歩いたのは、働く環境のチェックを率先して行うべき立場が企画局長だったからである。

もっとも専従の労働組合員は、誰でもそうした意識を持って現場をチェックする義務があると思っている。

そういう目を持って現場を見て回ると、職制のリーダーや管理職では気づきにくい問題が結構転がっているものである。

私が労使懇談会で発言したように、そうした盲点を探し、カイゼンする道筋を提案するのも組合の大事な役割にほかならない。

これまで、そうした労組の役割を随所で発揮しているからこそ、経営側は労組の活動を高く評価しているのだと確信する。トヨタ労組はそうした努力をずっと続けてきた。だからこそ、**労使相互信頼が深まることはあっても崩れることはない**のである

職場の問題点洗い出しキャンペーン

現場の声を聞いて労組が「カイゼン」の提言をしたという事例を思い起こすと、今でも少し誇らしい気分を伴いながら思い出すエピソードがある。それは、「トイレ書記長」と呼ばれた時代と重なる頃の出来事だった。

当時、春闘の交渉の中で、会社は現状を必要以上に悲観的に見て、賃上げ幅を抑え込もうとする姿勢を鮮明にしていた。会社側のこの姿勢に、私も含めて労組執行部には辟易(へきえき)し

た空気があふれていた。

「バブルの波に乗って車は売れ、売上げも伸びているのに、利益が下がるとは、どういうことなのだろう」

「この原因を暴かないかぎり、景気拡大に見合った賃上げは実現しないぞ」

「会社のどこかで決定的な『ムダ』（トヨタ生産方式が排除すべきものとして挙げられるムリ、ムダ、ムラの一つ）をしているのではないか」

「問題点を探し出そうじゃないか」

執行部の中で、こんな議論が盛り上がっていた。

引き金になったのは、技術部のある職場委員長が、評議会や定期大会の場で繰り返し職場の問題点を訴えてくれたことだった。

彼は、組合三役の責任ある立場の人間に、「技術部に来て、現地現物で組合員の声を聞いてほしい。職場の実態を聞いてほしい」と訴えていた。

執行部も、会社はバブルに流されているのではないかという問題意識を持っていたので、この指摘に触発され、技術部だけでなく、すべての部署の組合員に**職場の問題点を洗い出**

してほしいと要請した。

「こんなやり方をしているから利益が減っている」「仕事が膨らみ、現場の社員が苦労をしている」といった点がないか、**問題意識を持って自分の仕事や周りを見直し、労組に上げてほしい**という一大キャンペーンを行ったのである。

時は、昭和の終わりから平成のはじめにかけて、ちょうど世の中が土地バブル、株バブル、ジュリアナ東京のバブリーダンスなどで浮かれていた時期である。キャンペーンの呼称は、ずばり**「なぜ、儲からなくなったか」**とした。

各職場から驚くほどの問題報告

1989年（平成元年）の春闘に先駆け、このキャンペーンを職場に展開した。すると、職場は、〝待ってました〟とばかりに、さまざまな問題を指摘してきた。投げかけたわれわれが驚くほどであった。問題事例は大から小まで多岐にわたっていたが、そのうち、大きなものを二つ紹介しよう。

まずは、執行部が「ムダ」の大きさに驚いた事例で、開発部門における試作車の製作に関するものである。

自動車の開発では、ライン生産に入る前に、実際に製造・販売する車両そのものを使って実車実験をする。走行試験、衝突実験などが代表的なものである。

これらの実験に必要な車両は10台前後になり、1台1台、決定した部材・部品を使って手づくりで製作される。これを試作車という。試作車は1台モノの手づくりだから、コストに直すと、1台1億円くらいになると言われていた。

トヨタのことだから、この試作車は実験に必要なだけ、1台ずつ製作されるものと思っていた。ところが、当時、モデルチェンジが頻繁に行われ、次々と試作車のオーダーがあることから、生産コストを下げるため、ライン方式でまとめてつくるようになっていたのだ。

そうなると、1台当たりのコストは多少下がるかもしれないが、ラインでつくるため、どうしても一定の台数、それも**多めにつくっておくことになりがち**だ。

コストが下がったといっても、やはり手づくりに近いので、1台当たり数千万円に相当することは間違いない。

そして一番の問題は、見込みでつくった試作車が毎回数台ほど使われず、**廃棄処分になっている**ことだ。これは極めて大きなムダである。

この件は、試作工程のあり方に関する内部事項だったので、労使交渉の大きな場では取り上げず、当該部門に問題提起をすることにした。結果、この**大きなムダがカイゼンされた**のである。

カムリ製造ラインの大きなムダを指摘

もう一つの事例は、労使交渉の場でも取り上げた問題で、当時、世界戦略車ともなっていた「カムリ」の製造ラインに関するものである。

自動車のフロントガラス内側の天井の端には、太陽光などのまぶしさを遮る目的で「サンバイザー」が付いている。このサンバイザーは、通常、天井にしまってあり、それを運転者が下ろしたときに、運転者の前方視界を確保しながら、前方からの光を遮ればよく、それ以上の意味はない。

カムリのサンバイザー組み付けラインから、次のような問題が指摘された。

「サンバイザーの形状や色の違いで**100種類以上ある**。なぜかというと、サンバイザーが国内向け、海外向け、車両グレード、内装の色によって異なる品番になっているから。これでは、流れてくる車にサンバイザーを選んで組み付けるのにかなり気を使うし、大変な工程になっている。ただ光を遮るためだけの部品に、これだけの種類が必要なのか」

執行部では直ちに他社はどうなっているかを調査した。すると、国内のメーカーでは概ね似たり寄ったりの実情であったが、ドイツの高級車ベンツでは、一つの車系（モデル）で、色も含めて**3種類しかない**ことがわかった。**100種類以上（カムリ）と3種類（ベンツ）の違い**である。

種類が少なければ、部品の量産効果も上がるし、材料面での共通化も図れる。このコストの差はかなり大きい。

また、なにより、現場で正しい部品を取り出すために選別する時間コストや作業者の精神的負担はばかにならない。

このように、100種類以上に比べて、3種類の優位性は圧倒的といえる。私たちは、翌年春闘の労使交渉の場で、この問題点を隠し玉に使った。

会社の経理担当役員が、「売上台数は上がっているが、今年の利益は前年を大きく割り込んでいる」と、さも「賃上げに回す金がない」と言わんばかりの主張をしたとき、労組側の生産担当副委員長は、やおらグラフを示して、こう発言した。

「会社は前年比の数字だけを取り上げているが、この10年間の売上げと利益の推移を見てほしい。ここ数年、国内市場の急拡大で生産台数は右肩上がりに上がっているが、利益はこのように右肩下がりになっている。これは、生産から販売のどこかでムダがあるからではないか」

この指摘で会社側役員の注目を引いておき、「私たちが集めた職場の問題点の中に、こんな例がありました」と、カムリの製造ラインにおける、サンバイザーの事例を紹介したのである。

会社側は、明らかにこの指摘に動揺していた。このとき、役員たちの顔に浮かんだ、なんとも言えない戸惑いと称賛の入り混じった表情は、今でも脳裏にありありと浮かぶ。

この交渉の場では「どうする、こうする」といった発言はなかったが、**のちに部門や工**

場単位の労使協議で、そのカイゼンに向けた話し合いが行われた。

労組の指摘がバブル崩壊の痛手を最小限に

この二つの事例は、全社レベルの大きな問題として、**労使交渉を通して会社を動かすこと**になった。たとえば、サンバイザーのような部品について、お客様が求めるからといって、色や形を内装ごとに変える必要があるのか、もっと部品の共通化・シンプル化は図れないのか、というような視点での見直しが至るところで行われた。

この時代、国内販売は絶好調であり、メーカー間の開発競争も熾烈を極めていた。モデルチェンジのサイクルも短くなった。そういうバブル的な車づくり、開発・製造の実態に対して、一矢を放ったのではないだろうか。

この頃から、社内では**「適正品質」も大事**だと言われるようになった。つまり、**過剰に見栄えを追求しない。本当に求められている品質は何かを考えて開発する**、というような考え方である。

現場の話し合いが会社をよくする

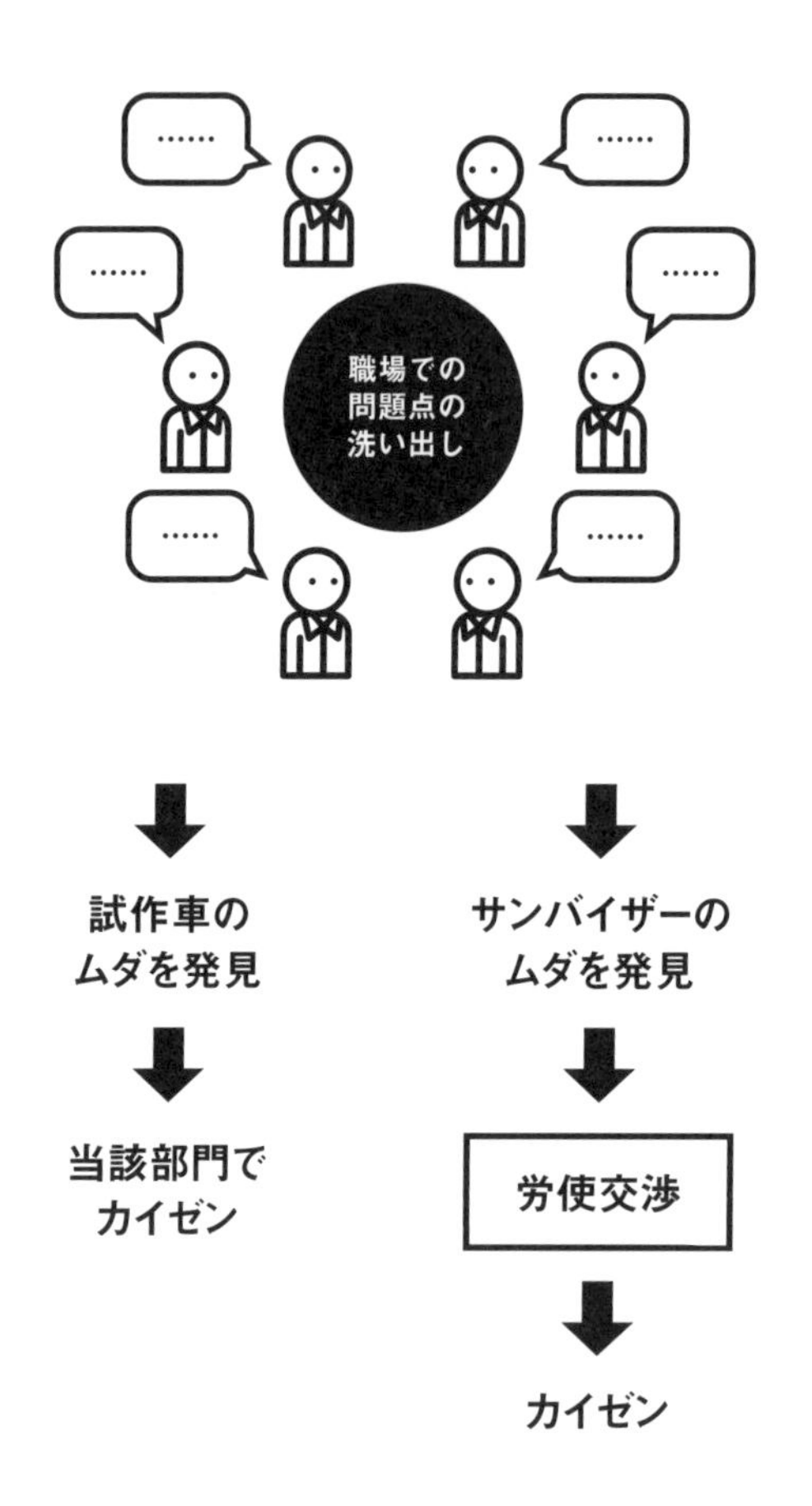

トヨタ自動車は、バブルの崩壊で他社同様に痛手を被りはしたが、その痛手を最小限に抑え、平成の市場停滞期、いわゆる「失われた20年」から今日まで高い利益を上げ続けている背景には、労働組合のこうした活動も少なからず貢献していると、私は考えている。ムリ、ムダ、ムラを徹底的に排除するのがトヨタ生産方式の真髄であり、その哲学で全社が貫かれているはずの当のトヨタ自動車で、気づかないうちに、このようにバブルの熱に浮かされた過ちを犯していた。その事実は重い。

相互信頼があるからこそ、鋭い発言ができる

私が今になって思いあたる、もう一つの教訓も述べておきたい。それは、当時の労務担当専務の懐の深さである。

労使交渉や労使懇談会の進行役を務めていたのは、労務担当部署である。当時の専務はおそらく、会社の現状に危機感を持っていたと思う。それは限られたメンバーでの話し合いで、私もしばしば耳にしていた。

当時の労働組合の三役は、専務とのざっくばらんな話し合いの中で、会社に言いたいことを遠慮なく伝えることができた。

専務はそういう青二才の組合のリーダーを抑え込むのではなく、伸び伸びとやらせることで、他部門の役員たちに警鐘を鳴らさせていたのだと思う。

このように書くと、まるで会社の労務担当の手のひらで労働組合が踊らされていたとみる向きもあるかもしれない。しかし、それはまったく当たらない。

労組の面々は、**労働組合を尊重する会社の姿勢がわかっていたからこそ、思い切って発言もでき、思い切った行動もできたの**である。

それこそが、**トヨタの労使相互信頼の真髄**でもあることを強調しておきたい。

社員みんなに広がった現場への尊敬心

「なぜ、儲からなくなったか」のキャンペーンや、労使懇談会から職場会まで、至るところで濃い話し合いを重ねるうちに、一つの大きな会社風土が生まれたと、当時の私は感じていた。

それは、**「現場を尊敬する気持ち」が会社全体に芽生え、広く浸透していった**ことである。トヨタ生産方式のど真ん中、製造現場で働く社員たちは、もともと自分たちの職場に対する自負心があるのだが、事務・スタッフ部門の社員たちは現場から離れたオフィスフロアで働いているため、現場を観念的にしか捉えられない。現場に思いを馳(は)せる機会もほとんどない。

私自身も法務部というスタッフ部門に配属されていたゆえ、労組専従になるまで現場に思いを馳せる機会は少なかった。

配属先にかかわらず、新入社員なら誰でも受ける2カ月の現場研修があるので、トヨタ生産方式の現場がどのようなものか、全員が自分の目や手足で確認はしている。しかし、何年もオフィスで仕事をしていると、新人の頃と違って、現場についての実感は薄くなっていく。

私の場合は、法務部の仕事として、たまたま車の欠陥問題に取り組んでいたので、対象車の製造現場に行く機会があったが、普通はほとんど機会がないのは確かだ。

現場を見ること、現場に触れることは社内で奨励されているのだが、事務・スタッフ部門では、私のような機会がないと実際は難しい。

そこで、全組合員に対して**現場に高い関心を持ち続けるように、職場の問題を洗い出し、みんなで議論をする**ことを普段から勧めていた。キャンペーンは、そのきっかけの一つでもある。

トヨタが2兆円を超える利益を出すなど、毎年、自動車会社トップの実力を見せているのは、なんといっても**現場の強さがある**からだ。そのことを社員が改めて知り、理解を深めることが必要だったのである。

こうした活動を続ける中で、製造ラインで働く社員はもとより、事務・スタッフ部門なども含めた**全社員が現場に対する尊敬心を持つようになった**のである。

このことがトヨタの強さをさらに強化していることは間違いない。

トヨタ労組が発足当初から貫く「工職一体」

ところで、トヨタ労組はユニオンショップであるから、管理職以外の社員はみんな組合員である。

また、1946年（昭和21年）に労組を結成したときに**「工職一体」**（工場で働く現場の社員＝ブルーカラーと、事務所で働く職員＝ホワイトカラーが一体となって組合活動をすること）を確認しているので、最初からブルーカラーとホワイトカラーの別なく、両方の組合員が一体となって活動している。

どこの労働組合も工職一体かというと、必ずしもそうではなく、組合執行部はブルーカラー優先とし、必然的に委員長が現場上がりになる労組が少なくない。

トヨタ労組も委員長は現場上がりが多いが、その場合は書記長を大卒のホワイトカラーから選ぶといったバランスで、**工職一体の原則を貫いている。**

要は、**現場か事務部門かは区別することなく、一緒に運営しているる**ということだ。私は専従になる前も後も、この工職一体が肌に合っていたようで、結局、専従になってからは職場に戻ることなく、最後まで労組一筋で歩んできた次第である。

前にも書いたが、私は労働組合の役割として、現場に足を運び、現場を肌で感じながら職場環境などをチェックしていた。とりわけ企画局長のときは、廊下鳶（とんび）のように製造現場に足を運び、職場委員や評議員など現場で活躍する組合員とコミュニケーションを取っていた。

このことをずっと続けていくうちに、現場に対する私自身の尊敬心がどんどん高まっていったように思う。

それは、私が自動車総連（全日本自動車産業労働組合総連合会）の会長や連合（日本労働組合総連合会）の副会長など、トヨタ労組の上部組織の役員に就任してからも変わらなかった。

競合会社に怒られるかもしれないが、はっきり言って、トヨタの現場力はどの会社よりもレベルが高く、今後も自動車業界の先頭を走り続けることは間違いないだろう。

第3章のまとめ

- 職場での「カイゼン」と組合の「話し合い」で個人は成長する
- 外部に頼らず、自社での教育を徹底する
- 5回の「なぜ」の裏には、いつも勉強している上司や先輩がいる
- 全員納得のプロセスで話す力と聞く力が鍛えられる
- 職場での話し合いは、仕事面でも人生でも人を成長させる
- 会社も評価してくれるから、徹底した話し合いができる

第4章

「自分たちのことは自分たちで決める」トヨタ精神

トヨタは売上げや利益を目標としない

「トヨタが売上げや利益の数値目標を立てることはありません。これは、昔も今も変わりません」

トヨタの社員やOBでない人にこういう話をすると、ほとんどの人に「ええ～っ、本当ですか！」と返される。

会社は売上目標や利益目標を立て、目標を達成するための戦略や方策を考え、各部門、さらには一人ひとりの社員までブレイクダウンして、それぞれが何をすべきかを決める。これが世間一般の常識というもので、強い会社になればなるほど、高い目標を立て、達成のためにみんなが精一杯の努力をするものだ。

トヨタに入る前の私も、そう思っていた。

ところが入ってみると、そのような**売上げ、台数、あるいは利益といった数値目標はなく**、現場でも、事務・スタッフ部門でも**「能率向上」「原価低減」という二つのキーワー**

ドで括られる行動目標があるのみだった。

能率向上も、原価低減も、数値目標化はできる。たとえば、能率向上は、これまでの基準時間をどれだけ縮められるかという目標値を掲げられるし、原価低減についても前期と比べてどれだけ低減させるかという目標を立てられる。

実際、そうしている職場もある。しかし、それはあくまで**自分たちで決める目標**であり、会社の売上目標からトップダウン的に与えられる目標ではない。

カイゼンの哲学を身につけたトヨタの社員たちは毎日毎日、「能率向上」と「原価低減」への強力な問題意識を持ちながら仕事に精を出している。

多少は数値を意識するときもあるが、工場や事務所に「売上目標○○円必達！」などと威勢のよいスローガンをあちこちに掲げたり、ぶら下げたりすることはない。

トヨタに入社してから何年かたつと、いつの間にか、数値目標を掲げないことが普通の企業行動だと思うようになり、そのことによって、自発的に「能率向上」や「原価低減」に向かって努力するようになっていく。

もちろん、会社の売上げや利益、生産台数や販売台数などに関心がないわけではない。

トヨタの決算数値は、たとえ「そんなもの知りたくない」と思っても、日本経済新聞等の一面で知らされるので、「経常利益が2兆円超えたか、すごいなあ」と驚いたり、喜んだり、残念がったりしてはいる。

しかし、決算情報と今行っている自分の仕事との関連性は直接的にはない。自分の目の前の仕事を支配しているのは、**数値ではなく、あくまでカイゼン**なのである。

会社の決算数値は、いうまでもなく社員たちが一所懸命に働いた結果であるが、トヨタなどのグローバルな企業になると、別の要素、すなわち会社を取り巻くさまざまな環境変化によって大きく変動する。為替レートなどはその最たるもので、社員一人ひとりがジタバタしてもどうにかなるものではない。

その点、**「能率向上」と「原価低減」は、自分の仕事の中で上げられる数字である**。問題意識を持たずに何もカイゼンすることがなかったら、本人の実績も周りの評価も間違いなく落ちてしまう。

個々人の仕事を左右するのは、あくまでこの二つのキーワードに集約されるカイゼンなのである。

この目標については、現場だろうが、間接部門だろうが、トヨタの社員はみんな納得し

目標がこんなに違う

一般的な会社

目標！

売上げ○○兆円

利益○○億円

トヨタの場合は……

数字の目標はなし！

「能率向上」「原価低減」のために
いかに行動するかだけ！

て自分のものにしている。

能率向上や原価低減の中身は、人によって異なるが、それは、**それぞれの社員が自発的に決めて実行する**からである。

トヨタが他の自動車会社と大きく違う点

トヨタ労組の書記長を務めるようになってから、産別などの会議の場で他の労組幹部と情報交換をする機会が多くなったが、そうしたときによく聞かれるのは、「トヨタさんの来期の利益目標はどのくらいなの？」「生産台数の目標は？」といった数値目標だった。

最初の頃は、そう聞かれることに少し違和感を持ったものだ。つまり、他の自動車会社が売上目標をはじめとする数値目標を掲げ、その数値目標を各工場や各車種単位に落とし込み、それぞれの計画を立てるという仕組みに、若干のカルチャーショックを感じたからである。

他社では、労働組合の活動方針も会社の業績数値や目標数値に左右され、売上げや利益の実績と目標に縛られているところがあるようにも感じた。とにもかくにも、会社と労組の活動が「はじめに数値目標ありき」で、行動計画は目標数値を基準にして立てられ、みんなが目標に縛られながら日々それぞれの仕事に邁進している例は多い。

当初は、そのような仕組みに私が驚いていることに、相手も驚くという変な会話になっていた。

トヨタが売上目標を立てない理由は、数値目標よりも、飽くなき「能率向上」と「原価低減」のほうを大事にしているからだが、自動車メーカーには、**そもそも部門や工場別に売上げや利益を目標にするのが難しい一面がある**。

自動車メーカーはさまざまな車種を取り扱っている。車種ごとにすべての材料や部品が異なるかというと、そんなことはない。どの自動車会社もそうだが、車種は違っても同種の部品であれば、できるだけ共通化していくという考え方で車をつくっている。

たとえば、カローラの製造工場で使っている原材料や部品と同じものを、カムリの製造工場でも使うという共通化は、どの会社もごく自然に行ってきたし、これからも普通に行っていくであろう。

工場同士の共通化を進め、互いに協力しながら車を生産しているのに、工場単位で目標を立て、達成したかどうかで大騒ぎするのは、何かおかしい。

車種ごとに工場が分かれていると、モデルチェンジが成功するかしないかで、工場ごとの生産台数は大きく違ってくる。また、競合他社のモデルチェンジが大ヒットすれば、こちらの生産台数は自ずと影響を受ける。

そうした状況の中で、「会社として来期に何台つくって、何台売るか」というプロダクトアウト的な生産台数や売上目標を立てるのは意味がないことだと、トヨタは考えているのである。

上からの目標ではなく、市場の声から積み上げる生産台数

現場の会話として、「今期は何台つくるのかなあ」「売上げはどのくらいになるのだろうか」といった会話はする。当然のことながら、関心はあるのだ。しかし、全員がそれに向かって力を尽くすような目標を掲げるわけではないので、このような会話はいつも大らか

なものに終始している。

ただし、販売会社（トヨタカローラ店など、車種別・地域別に展開されている販売会社。トヨタ自動車販売株式会社は、1982年にトヨタ自動車工業株式会社と合併し、トヨタ自動車株式会社となった。本稿で「トヨタ」と称しているのは、トヨタ自動車株式会社のことだが、より正確には、合併前の記述はトヨタ自動車工業株式会社、合併後の記述はトヨタ自動車株式会社のこと）になると、少々事情が違う。

車種別・地域別に展開している販売会社にトヨタが目標台数を与えているかというと、そこは、つくるほうと同じく、与えていない。

事情が違うというのは、販売会社自身が会社の目標として、1年間で売るべき台数、あるいは売りたい台数など、市場の動向を見極めながら目標を決めて販売活動を展開していることを指している（もちろん、トヨタ自動車の業績を支えるための忖度(そんたく)はしている）。

トヨタとしての生産台数は、販売会社が立てるこの販売目標を積み重ねた結果によって決まり、そこから生産計画を立てることになる。たとえば、トヨタが「今期の国内生産台数は300万台、そのうちカローラが○○万台、レクサスが△△万台……」といったように、まず数字ありきで、それを各車種に割り振って決めるようなことは、基本的にしていない。

販売会社「わが社は、来期に○○台は売りたいと考えていますし、それだけ売れる自信もあります」

トヨタ「そうですか。それはありがたい。では、他の販売会社から上がっている目標台数を合算すると、合計△△台になります。この△△台を基本に国内生産台数として生産計画を組むことにしましょう」

こんな具合に決まるのである。

なぜ、割り振りではなく、販売会社からの積み上げで決めているのか。

第一には、「車を買うのはお客様。お客様が買うであろう台数をつくればいい」という考え方があるからだ。そして第二に、**「自分たちのことは自分たちで決める」という企業文化を大事にしたいから**である。

この**マーケットインの考え方こそ、トヨタ生産方式のベース**である。そして、究極に目指すところは、市場で一人のお客様から注文をいただいたら、その車をライン生産し、1

カ月程度でお客様に渡す――1台1台をつくって納める生産システム、つまり**究極のジャスト・イン・タイム**である。

在庫ゼロを目指すトヨタ生産方式は、このときに一つの完成を見ることになる。

さすがに、理想の生産システムを実現するまでには至ってはいないが、最終ユーザーに直結しているディーラーが「私たちの市場と個々のお客様のニーズを考えると、これだけは売れる。これだけは売りたい」と、市場から割り出した台数を重視し、生産計画の基礎にするというのは、理想に近づくステップであると、私は捉えている。

トヨタが「異質な会社」になっていったきっかけ

目標のあり方をはじめ、これまで述べてきたようなトヨタの企業文化は、他社とはだいぶ違うなと、読者の方も思われるのではないだろうか。

私は2001年に自動車総連（全日本自動車産業労働組合総連合会）の会長になり、翌年の2002年には連合（日本労働組合総連合会）副会長にも就任しているので、日本の企業文化全体をよく見てきた。その経験から判断すると、**トヨタの企業文化は日本の企業の中で「異質」**と断言してもいいと思う。

他の労働組合から来ている人たちからも、「トヨタさんは企業として生き方がちょっと変わっているね」とたびたび言われた。

かくのごとく、トヨタという会社は外側から見ると、**「異質な企業」**に映っていたことは間違いない。

では、その異質性はいつ頃から生まれたのか、また、どのような要因によって築かれていったのだろうか。

原点は1950年（昭和25年）の大争議にあるのではないかと思っている。大争議が起こったきっかけは、「シャウプ勧告」とか「ドッジライン」と呼ばれたGHQによる経済の強制的なブレーキだったが、すべての原因を経営環境の急変に押しつけるようでは、企業経営は成り立たない。

トヨタに起こった大争議は、身の丈に合わない投資と、現実を踏まえない生産拡大にあった。これは労使ともに一致する総括であり、企業は経営環境がよいからといって、調子に乗ってしまうと痛い目に遭うことを身をもって学んだのである。

会社の経営が赤字続きで、存続の危機にある状況では、労働組合がひたすら自分たちの要求をぶつけても、会社が持たない。会社の危機が深まっていけば、結局は、雇用さえ守れなくなる。

トヨタ労組は、1600人の人員削減という犠牲を払ってこのことを学び、以降、一方的に闘うだけの労働組合ではなく、**徹底した話し合いによって要求を認めてもらう**労働組合に方針転換をしていった。

そこから生まれたのが、**「相互信頼」「車の両輪」**という考え方を核にした、1962年（昭和37年）の**「労使宣言」**だった。

一方、資金面では日本銀行名古屋支店に助けられ、経営環境では朝鮮戦争特需という神風に助けられた会社のほうも、身の丈に合わない事業拡大を大いに反省し、堅実な経営を進めるようになった。

その堅実な経営の延長線上に**「労使相互信頼」**というキーワードが生まれたのである。

自分の城は自分で守る、トヨタの自前主義

トヨタ労組の役員や全組合員が「労使相互信頼」と「車の両輪」という路線を受け入れ、それを今日まで大事にしてきたきっかけは、二つある。

一つは、トヨタの実質的な創業者である豊田喜一郎・第2代社長（1941～1950年）が1600人削減の責任を取って辞任したこと。二つ目は、豊田英二生産担当取締役（当時。1967～1982年に第5代社長）の「書面は無効でも約束は約束ではないか」と役員会で静かに放った一言である。

とりわけ、豊田英二氏の一言は大げさに称賛されたわけではないものの、組合員一人ひとりの心に刺さり、今でも内輪の話し合いで引用されることがある。

少し大袈裟（おおげさ）になるかもしれないが、トヨタ労組が会社との対立関係から相互信頼関係に転換する最大の要因は、この一言ではないかと思うこともある。

別章でも何度か述べているように、会社も「相互信頼」と「車の両輪」の考え方を大事

にし、さまざまな面で労働組合を信頼し、時には頼りにさえしてきた。

この労使の相互信頼をベースの一つにし、大争議の教訓を生かす舵取りをしたのが、喜一郎社長の後を継いだ3代目の石田退三社長（1950～1961年）である。

石田社長は、1600人の人員削減と喜一郎社長の辞任を招いた経営危機と大争議の反省を踏まえて「自分の城は自分で守れ」との信念を抱き、無借金経営を目指した。

その無借金経営を進める方策として、社内に徹底させたのが**ムダの排除**だった。

ムダなお金を使わないことによって、内部留保を増やせるだけ増やしていく。内部留保が大きくなれば、わざわざ銀行から借りる必要もない。自分たちで稼いだ自前の資金によって設備投資をし、生産力を高めていくのが企業本来のあり方だという考え方である。

トヨタの自前主義はここに始まっている。喜一郎氏が発案した**「ジャスト・イン・タイム」**を継承し、生産担当副社長だった大野耐一氏が喜一郎氏および石田氏の意向を汲んで体系化したのが**「トヨタ生産方式」**ということになる。

わが道を歩んだら「異質な会社」に

石田退三氏が社長時代に築いた無借金経営は、その後もトヨタ自工ではずっと続けてきた。ただし、販売を担ったトヨタ自動車販売の場合は無借金とはいかなかった。

トヨタ自工でつくった車は、工場を出るところでディストリビューター（卸売業者）のトヨタ自販に現金で買い取られる。トヨタ自販は販売会社にこれを売る。その際、トヨタ自販は販売会社に代金を融資する格好になり、その莫大（ばくだい）な資金については、銀行から借り入れるほうが合理的であったからである。

トヨタ自工とトヨタ自販が合併し、トヨタ自動車になってからは、トヨタ自販が担っていた部門も必然的に無借金路線の中に組み込まれた。合併前のトヨタ自販の金融機能は、トヨタファイナンスを設立して、そこが担うこととなっている。トヨタファイナンスとの関係もあることから、現在のトヨタが無借金状態にあるというわけにはいかないが、**経営方針として無借金を目指し続けている**ことは確かだ。

トヨタ労組の専従になって10年目くらいの頃だと思うが、東京に行って他の労働組合の人たちと話すと、トヨタが無借金経営を標榜（ひょうぼう）していることについて、いろいろ言われたものである。

「企業というものは、銀行からカネを借りることも大事なんだ。銀行がそれで回っていくからね」

こんな具合である。若造の私に〝企業の常識〟を教えてくれたのだが、私はというと、「名古屋と東京ではずいぶん違うんだな」と思った程度だった。

石田退三社長が無借金経営を目指したのは、ムダのない経営を実現していくためで、これは**トヨタ生産方式の考え方と共通している**。名古屋出身で今も名古屋在住の私としては、ムダのない経営を目指し続けるトヨタのほうが健全だと思うのだが……。

愛知県豊田市で創業し、現在も当地に本社を置くトヨタ自動車は、同じ愛知県の刈谷市を本拠とする豊田自動織機製作所（当時）から自動車製造部門として分社化して生まれた会社である。豊田市も刈谷市も、名古屋市にほぼ隣接している。ちなみに、私が生まれたのも名古屋市に隣接する尾張旭市である。

私のことはさておこう。昔の三河地方、愛知県豊田市をルーツとし、現在も本拠地とするトヨタは、東京を本拠地とする多くの大企業から見ると、はじめから「やはり三河人」という見方をされる。

トヨタを「異質な会社」と見る人たちの何割かは、この「三河人」という先入観があるのだと思う。

その三河人がずっと三河を本拠地にしているのはグローバル企業らしくないという声も、よく聞こえてくる。そこで、本社を東京に移そうという話がときどき出てくるのだが、〝出ては消え〟で、誰も本気で東京移転を考えたことはないようだ。

トヨタが東京への本社移転を本気で考えないのは、工場のほとんどが愛知県内にあり、そのうち本社工場をはじめメインとなる7工場が豊田市に集中し、他の5工場も豊田市に近い場所にあることによる。

本社が製造現場の近くに位置するというのは、「ムダのない経営」を目指すトヨタとしては非常に重要なことなのである。

財界活動に熱心でなかった歴代トップ

もう一つ、トヨタが異質といわれてきた理由がある。

日本の自動車メーカーをリードする立場にありながら、歴代トップのうち第5代社長までは**財界活動にあまり関心を示さなかった**ことである。

豊田章一郎（とよだしょういちろう）氏が、トヨタ自販とトヨタ自工が合併したトヨタ自動車の社長（6代目）に就任してから、旧経団連（経済団体連合会）の第8代会長を務めるなど、財界活動に関与するようになったが、それまでのトップはさほど重要には考えていなかったようだ。たとえば豊田英二・第5代社長は「財界活動は東京に本社がある日産に任せておけばいいんだよ」と、周りにも言ってはばからなかったと聞いている。

そうした姿勢に、競争相手の自動車会社はもとより、他業種の財界メンバーからも「トヨタは自分さえよければいい会社だ」という声さえ上がっていた。

自分たちのことは自分たちで決めるという姿勢はいいのだが、「自分たちのこと以外は知らぬ存ぜぬ」では真のリーディングカンパニーになりえないということで、章一郎氏の代になって財界活動に精を出すようになったと思われる。

もっとも、章一郎氏までの歴代社長も、業界団体の活動には関心を持っていた。その一つとして、日産と順繰りに自工会（日本自動車工業会）の会長を務めていた（2000年に入って本田技研のトップも会長を務めるようになった）。

それで思い出すのは、私がトヨタに入社した翌年、1976年（昭和51年）排出ガス規制のときの国会審議である。

通称「マスキー法」（アメリカの上院議員のエドムンド・マスキーの提案による世界的な自動車の排出ガス規制）による規制を日本でも取り入れることになり、自動車メーカーは非常に高いハードルの規制を強いられた。

ちょうど自工会の会長がトヨタの番になり、豊田英二社長が務めていたときだ。自工会会長として国会に呼ばれた英二氏は、（そんな高いハードルで排出ガスを抑えるのは）「できん！」と突っぱねたのである。

裏方の話によると、トヨタが追求していた方式はコストが高い上に、燃費も悪くなることから、**ユーザーのためにも「できない」**というのが英二氏の真意だったようだが、世間はそのようには受け止めなかった。

しかし、この国会での発言を聞いたホンダは、逆に「できる」と反論して、トヨタ（触媒方式）と異なる独自の方式（ＣＶＣＣ方式）を発表した。

結果的には、トヨタは自らが技術開発した方式で高いハードルをクリアし、その後、トヨタ方式が排出ガス規制の主流になったのであるが、国会での「できん」発言によって、ますます「トヨタはやっぱり自分のことしか考えてない、自分勝手な会社だ」という評判が高まったことは確かだ。

一方、早々と「できる」と手を挙げたホンダは、「やっぱりホンダはすごいなあ」と株を上げる結果になった。

誇り高き異質な会社・異質な労組

銀行からお金を借りない、中央での財界活動にも必要以上に関わらない、余計なことはしたくないという経営姿勢は、**「必要なものを必要なときに必要なだけ」というトヨタ生産方式の根幹に由来している**といってもいい。

トヨタ生産方式とこの経営姿勢を貫くことで、トヨタは他社が驚くほどの利益を上げていったわけだが、他の企業から見ると、この姿勢こそ自分たちとは違う「異質な企業文化」なのである。

この異質性を、周りは「三河モンロー主義」とか「三河の田舎企業」などと揶揄するのだが、この揶揄は、世界一を達成し、高利益を上げ続けていることに対する妬み(ねた)と言えなくもないと思う。

ちなみに、「三河モンロー主義」とは、第5代アメリカ合衆国大統領のジェームズ・モンローが相互不干渉など保護主義的な政策を提唱したことから来ている。要は「よそのことには干渉しない。こちらにも干渉するな」という宣言である。アメリカが取ったこの政策が第二次世界大戦の引き金になったとも言われている。

これは第45代アメリカ大統領のドナルド・トランプに近い政策であるから、あまり嬉しくない揶揄ではある。

他社とは違うトヨタの特徴

○数字の目標を掲げない

○「対立」ではなく「信頼」の労使関係

○徹底したムダの排除
（カイゼン、ジャスト・イン・タイム、無借金経営）

○本社は地方

○財界活動は二の次

異質だからこそ、トヨタは強い

「異質」といえば、トヨタ自動車工業労働組合もそうだったといえなくもない。

たとえば、「労使相互信頼」という言葉に代表される1962年（昭和37年）の労使宣言は、対立の構造をよしとしていた当時の労働組合運動の流れとは相容れないものだったし、**ストライキを前提としない徹底した労使の話し合いによる解決**も、当時の他の労働組合と比べるとまさしく**「異質」**ではあった。

1950年（昭和25年）の大争議によって、労使が対立を深めるのではなく、逆にお互いが相手に対して信頼を持つように変わったのは、当時としてはありえないくらいに稀有（けう）な例だっただろう。

その互いの信頼をベースに**「経営に関することは時の経営陣に任せる。職場が生産性向上に努力する過程で生じる問題については労組が全力で取り組む」**という基本的なあり方について合意ができ、ポジティブな気持ちでしっかり守り続けているのも、トヨタとトヨタ労組ならではのことだと思う。

このことを身をもって体験してきた私としては、トヨタという会社の社員だったことを誇りに思うし、労使の関係や労働組合として行ってきた活動にも誇りを感じている。

トヨタ生産方式への誤解を解く活動

こうした異質な労使関係の中から、どこの労使も思いもつかないような労使宣言が飛び出し、その考え方や発想は、当時としては世の中に20年以上先行するものだった。

20年も先行していると、世の中の常識に比べて確かに「異質感」は生まれるだろう。それはトヨタ生産方式についてもいえることである。

別章でも書いたように、トヨタ生産方式は、世間的には至って評判の悪い生産活動だった。評判の悪さは、トヨタの工場を舞台にした『自動車絶望工場』なる本が１９７３年（昭和48年）に発行され、話題になった頃にピークに達していた。

昭和40年代、日本経済の高度成長とともに車社会が到来し、自動車会社はどこも好業績を上げていた。中でもトヨタの業績は群を抜き、日本の全企業の中で最高の利益を上げるようになっていた。

こうなると、ますます世間の目は厳しくなる。マスコミや学者は「トヨタの高利益は、人を搾取するトヨタ生産方式の果実である」という論調で激しく叩いた。

これに対して会社は「どうぞご勝手に」という雰囲気で、世間に説明することなどまったくしなかった。

無理もない。三河のトヨタはマスコミ嫌いであり、世間に説明する気もなければ、上手に説明するセンスも持ち合わせていなかった。

そこで立ち上がったのがトヨタ労組だった。私が入社する直前の話である。

トヨタ労組の役員たちは、「このまま誤解されるのを放っておくわけにはいかない。わが社に人材が集まらなくなる。会社が誤解を解かないのなら、われわれがやろう」と立ち上がり、**トヨタ生産方式をPRし、正しい理解を広げようとした**。

たとえば、搾取論を強硬に説く東大社研（東京大学社会科学研究所）の学者たちと交流し、「トヨタ生産方式は**現場で働く社員から搾り取るものではなく、逆に彼らを楽にする方法**なのです」と地道に説き続けた。

こうした労働組合の努力もあり、経営陣としても社外に正しいPRをすることの必要性を感じるようになっていった。6代目の豊田章一郎社長の時代に入ると、業界団体・財界の活動や、社会貢献活動にはむしろ積極的に取り組むようになった。

この流れによって、企業文化として徐々に〝開かれた会社〟に変わっていったように思われる。そして、目線は日本国内から世界へと大きく広がり、トヨタ生産方式について世界が認める運びとなった。

会社も組合も、販売台数世界一を視野に入れ始めたのはこの頃であり、社員たちも世界一の自動車会社を目指してカイゼン意識をいっそう高めていった。**「カイゼン」が世界の共通語**になり始めたのはこの頃である。

トヨタの伝統「自前主義」の成り立ち

トヨタに「自分たちのことは自分たちで決める」という風土ができ、同時に、経営姿勢として自前主義を前面に出すようになったことに、実は歴史的な背景がある。

戦後、トヨタは乗用車の生産を本格的に進めていく方策として、アメリカの自動車会社フォード・モーター社との提携を模索していたのだが、うまく事が運ばず断念したという歴史がある。

フォードとの提携を断念したあとは、自動車先進国の力を借りるという発想を捨て、純粋に自分たちの技術だけで純国産の乗用車をつくり、量産も自分たちの生産技術で進めるという戦略に方向転換した。

結果的に、この決断が現在のトヨタを築いていく出発点となり、やがて日本の自動車業界を牽引していく立場になったのである。ここが、欧米の技術を借りて国産乗用車を生産していった他社とは大きな違いとなった。

これが**〝トヨタ自前主義〟**の成り立ちである。この自前主義の原点は、トヨタ自動車労働組合の歴史にも共通するところがある。

トヨタ労組は終戦から5カ月後の1946年（昭和21年）1月に「トヨタ自動車コロモ労働組合」として結成されている。GHQの統治下で日本全体が民主化されたことにより、全国で労働組合が結成されるという流れの中で誕生したものだ。労働組合は、1946年の年初に日本全国で1500組合、年末には年初の10倍を超える1万8000組合が結成されている。

上部団体となる産業別組織も次々にでき、トヨタ労組は「全日本自動車産業労働組合（略称・全自動車または全自）」の結成に伴い、1948年（昭和23年）4月に全自の「トヨタコロモ分会」という名称に変更された。

民主的で遠慮のない話し合い文化

労組結成にあたって、トヨタ労組はその後の活動を決定づける二つの大きな方針を決めている。一つは、前にも触れている**「工職一体」**で結成したことである。「工」とは工場または工員のことで、いわゆるブルーカラーを指す。「職」は事務所で働く職員のことでホワイトカラーである。

欧米の労働組合は、産別組織を含めて「工」と「職」は別組織で活動している。欧米に見倣って、日本でも当時は「工職」別組織にしたところが少なくなかったが、全自も、日産、いすゞなどの他の自動車会社も「工職一体」で出発している。

もう一つの方針は、委員長、副委員長、書記長の三役は、ほぼ1期ごとに交代するようにしたことである。民主的な運営を維持するためという理由であるが、当時の若いリーダーたちの見識に敬意を表したい。

この考えは次章で述べる**「独裁的リーダーをつくらない」という企業風土**に通じている。組合ができて6期目あたりから、活動の継続性を重視するために再任が多くなった。一番長いのは、梅村志郎（うめむらしろう）さんで11年にわたって委員長の座を務めている。

社外の捉え方としては、彼をカリスマ委員長と見る向きが多いし、確かにカリスマに近い面もあったが、独裁的ではなかった。社内や組合内部では、誰も梅村氏をカリスマ委員長とは言わなかった。

それは彼の引き際を見ても、カリスマという評価にはならないと思う。

なぜなら1986年（昭和61年）に自動車総連の会長をしていた塩路一郎（しおじいちろう）氏がスキャンダルで途中退任したあと、自動車総連の会長代行を務めていた梅村氏に「次の大会で会長になってほしい」との声がかかったが、「自分はそんな器じゃないから」と辞退されたことからもわかるように、表に立って引っ張っていくことを控える人だったからである。

いずれにしても、トヨタ労組においては、結成時の若いメンバーたちが決めた「民主的な運営」を貫いていると私は考えている。

初代委員長の江端寿男さんはのちにこう話している。

「結成からしばらくは、生産復興闘争とか賃金闘争などに明け暮れていたけど、闘争のたびにうまくいかない面があると、『お前は辞めろ、今度は俺がやる』と遠慮なく言い合っていたんだ」

遠慮なく言い合う風土は、民主的といえば民主的で、その後のトヨタ労組はもとより、**トヨタグループ全体に「遠慮なく話し合う文化」として浸透している**と思う。

このあたりは日産の歴史と違っているところだろう。日産労組には、戦後の労働組合運動に関心のある人なら誰でも知っている、カリスマリーダーの益田哲夫氏がいた。1950年から全自の委員長となり、先鋭的な労働運動を指導したが、1953年の日産闘争で敗北し、全自の解散を招いている。また、そのあとには、前述した塩路一郎氏というカリスマ的リーダーも現れている。

当時の労働運動とトヨタ労組について、大争議時の副委員長で、のちに委員長を務めた岩満達己氏が、私にわかりやすく話してくれたことがある。

「労働運動が活発になっていた当時は、会社が潰れても労働組合は生き残るなどと言い放っている人もいたが、私らトヨタ労組は、組合員の生活を守るためには、まず会社をちゃんとさせることだと考えていた。それを『御用組合だ』と批判する人間もいたが、私たちは経営者の言いなりになる組合じゃないという自信と実績があったから、なんとも思わなかった」

この種の話は、他の先輩諸氏からも聞いていた。そのたびに「労働組合も含めて、トヨタという会社には、**周囲の影響を受けず、本当に自分たちのことは自分たちで決める企業文化**があるんだなあ」と、つくづく思ったものである。

働き方も賃金も、自分たちのことは自分たちで決める

「自分たちのことは自分たちで決める」。トヨタの企業文化は、生産現場でも、事務・スタッフ部門でも間違いなく貫かれ、**自分たちの「働き方」は自分たちで決める**という意識が強い。

では、自分たちの働き方の対価として得られる賃金についてはどうか。

賃金は、社員一人ひとりの生活を支える糧(かて)であるから、「いくらもらえるか」は極めて

重要な問題である。そのため、社員たちはできるだけ多くもらえるように、みんなで団結して会社と交渉しようと結成されたのが労働組合にほかならない。

したがって、労働組合は賃上げ闘争を中心に活動するわけだが、よく考えると、「平均いくら上がるか」には躍起になるが、「社員一人ひとりの月額給与はそもそもどう決まるのか」（賃金制度および賃金体系）、「次年度の給料の月額は手取りでいくらになるのか」についてまで、会社側と話し合うような組合はあまりない。

賃金制度は人事制度と一体のものであり、会社の経営権に属するものでもある。制度設計も会社の責任で行われ、労働組合は意見を言っても、設計に関与することはできないというのが、労使関係についての一般的理解であった。しかし、トヨタ労使はそれとはやや異質であった。

年功序列賃金に不満の声が噴出

実のところ、1980年代までは、他社と同じようにベースアップの交渉はしても、個人給与の決め方、すなわち賃金の制度設計は会社に委ねていた。80年代といえば、高度成長期が終わり、低成長経済の時代に突入していた。

時代の変化は、賃金事情をも変えていった。トヨタに限らず、どこの会社でも現行の賃金制度が時代に合わなくなったのである。

高度成長の時代には、会社の組織が拡大していき、職制の管理職も右肩上がりで増えていく。トヨタの賃金は、戦後からずっと年功序列だったので、職制の地位が上がれば、必然的に月額給与も上がる。

しかし、低成長経済になって組織の拡大が止まり、管理職のポストが増えなくなると、なかなか職制が上がらず、その分、給料が増えないことになる。すると、

「もう組長（グループリーダー）になってもいい年齢なのに、今期も班長のままでいるというのはどうなのかなあ？　不公平だと思うけど」

「なんで彼が係長になって、俺はヒラのままなんだ。昇進できない理由を知りたい」

といった不満の声があちこちから上がってくる。

トヨタを含めて、ほとんどの会社の昇進昇格や昇給には不透明なところがあった。それゆえ、不満の声は次第に大きくなり、社員たちのモチベーションの低下につながっていた。

トヨタ労組の執行委員たちは、この問題を正面から受け止め、「このまま放っておくこ

とはできない」と判断。どうしたら透明性のある、開かれた賃金制度にできるか、急遽、賃金制度の勉強に入ったのである。その中心的な役目を請け負ったのが、執行委員になったばかりの私だった。

というのも、私はだいぶ前から「トヨタの賃金制度はあまりにも閉ざされている。もっと近代化しないと、社員一人ひとりに不満が募っていく」と考えており、労組内部でもそうした議論を積極的に行っていたからである。

職能資格制度の導入を目指す

私がイメージしていたのは、当時、導入する会社が多かった「職能資格制度」への切り替えである。よくご存じの読者の方も多いと思う。

簡単にいえば、求められる職務遂行能力の基準を明確にし、社員一人ひとりがそれぞれどの資格等級に適合するかを客観的に評価し、当てはまる等級によって職制も給与（職能給）も決まってくる仕組みである。

言葉を換えていうと、**職制が上がらなくても、資格を上げることで給料も上げられると**

いう面もある制度だ。

この制度の導入を視野に入れて、職能資格賃金の大家としてよく知られている楠田丘（くすだきゅう）先生の4日間セミナー「賃金管理士養成講座」に単身参加し、楠田先生の下で、この制度を多角的に勉強した。

楠田先生の教科書通りに導入するというよりも、トヨタの事情にぴったりの賃金制度をどう設計したらよいかに集中して知恵を絞ったものだ。

私がトヨタらしさを取り入れて考えたのは、基本給の部分を熟練給、職能給、生産給の3つの柱で構成する仕組みだった。

「熟練給」は結果的に年齢給に近いものになるが、「熟練度」の標準をあらかじめ設定し、上司が個々人の熟練度を評価して賃金表に当てはめる。はじめてつくったこの賃金表が目玉だった。

戦後、会社がずっと続けてきた年齢給は単純すぎて、モチベーションが上がるような効果は期待できない。賃金表によって、**昇給の「見える化」**が図られ、一人ひとりのモチベーションアップ効果が得られると考えたのである。

「職能給」は既述したとおり、それぞれの職務遂行能力の等級に応じて支払う給料で、この賃金制度の核に位置するものだ。

「生産給」は、主に生産部門に関する給与項目で、現場の能率に直結している。能率が上がれば、生産給も上がる。もちろん、何百円という単位でしか上がらないが、これはトヨタ独特のものだろう。この給与項目は、事務・技術部門では能率向上の平均値が用いられている。

人事部と話し合いつつ説得

この賃金制度改定案を会社がどう受け止めるのか、私はまず労務課長に内々の打診をしてみた。ありがたいことに、労務課長は改定案の考えに共感し、「上には私が説得するから、賃金制度改定案として正式に提案してほしい」と積極的に受け止めてくれた。

私には勝算があった。人事部は、経済成長を前提とした当時の現行賃金制度に限界を感じていることに加え、社員の高齢化が進むことによって、高年齢層の賃金上昇を合理的に抑制する方策が喫緊の課題になっていたからである。

しかし、喫緊の課題であるのに、会社が積極的に動いている様子はなかった。そこで、「こちらが具体的な提案をしないと、若い社員たちは不安になり、確実に士気が下がっていく」と、私は危機感を募らせていたのである。

改定案には、一つネックがあった。案が受け入れられて運用が始まると、給料が上がる人と下がる人が必然的に出てくる。そうなると、下がった人のモチベーションが著しく低下するので、**低下する人に対して当面の補填が必要になる**ことだ。それまでは、基本的に下がることがない賃金制度だっただけに対策は必須だった。

対策の必要原資は会社の持ち出しになる。ここが最大の悩みだったが、この件でも労務課長が救いの言葉を言ってくれた。

「組合員全員の賛同を得てくれれば、原資の持ち出しは自分の責任で上のほうと交渉する。焦らずに組合の中で十分に話し合ってもらいたい」

的確なアドバイスだった。組合の中で全員の合意を得て、会社にしっかりした改定案を提示するには1年間の準備期間が必要だと、労務課長と私は考えた。そしてさっそく、組合の中での話し合いを展開した。

全員納得を目指して1年間の話し合い

賃金制度改定の成否は、**社員一人ひとりの納得**が決め手になる。これは、組合のあるなしにかかわらず、必ず通らなければならない道筋である。組合のない会社の場合は、各部、各課、各係で社員を集めて、直属の上司が説明するか、人事部が順繰りに説明して歩くことになると思うが、その機会をつくるのは容易でないし、納得するまで十分に説明するというのも簡単にはいかないはずだ。

その点、労働組合は話し合いの機会をつくることに苦労はしない。とりわけトヨタ労組の場合は、話し合いは活動の根幹であり、しかも、賃金制度改定の案を出したのは組合のほうだとなれば、みんなが前向きに捉えてくれるという有利さもあった。

1年の準備期間をもらった私は、賃金担当副委員長とともに、職場委員や評議委員に完全に納得するまで説明し、職場会での勉強会を促した。

職場委員に発破をかけるばかりではなく、執行委員も汗をかこうと、「元気の出る賃金制度」と銘打ったパンフレットを作成し、全員に配布した。こうした下準備もあったので、職場会でも理解しやすかったのではないかと、自画自賛する次第である。

およそ1年がたち、職場会をベースに全員の納得を得られたと確認した私たちは、評議会での採決を経たあと、会社に提案した。

会社からの修正を加味して新制度スタート

私たちが提案した改定案は3回の労使協議会で議論され、会社からの一部修正案を採り入れて運用が決定した。1990年秋のことである。

心配した給料が下がる社員への対策は、労務課長が太鼓判を押してくれた通り、会社が躊躇することなく原資の持ち出しを引き受けてくれた。

実際、名目的に給料ダウンする人が4割ほどいたが、「5年間の調整期間は下がらないから、5年間のうちに熟練給と職能給のランクを上げる努力をしてほしい」と話すと、全員が安心した表情になった。

ちなみに、5年間の調整期間に会社の持ち出しとなった原資は100億円を超えたと推測される。

経営の領域についても話し合いできる

信頼関係があるから、社員が会社の仕組みを変えられる

この100億円超は、時代に合わなくなった賃金制度を新制度に変えるために勉強し、自ら改定案をつくり出し、**社員全員の納得を得るまで1年間にわたって話し合ったトヨタ労組に対する褒美**だと受け止めている。

賃金制度改定が労使相互信頼を深めた

以上のようなプロセスで労働組合が賃金制度の改定を主導した例は、おそらくほかにはないと思う。この一件も、トヨタの「異質性」を表していると言われれば、その通りであろう。

トヨタは、労働組合の活動であろうと、職制の仕事であろうと、**人任せにはしない**のである。普通は会社がやるべきだと思われていることも、**会社が何もしなかったら、自ら行動する**。この企業文化と社風を私は誇りに思うし、後輩たちにも誇りを持って引き継いでもらいたい。

賃金制度の改定プロセスについて、もう一つ紹介しておきたいエピソードがある。もしかしたら会社としてはオープンにしてもらいたくない裏話かもしれないが、ご了承願うことにしよう。

改定プロセスの中で、私たちがお願いしても会社がどうしても了解してくれないことが一つだけあった。社員一人ひとりの賃金データをテープ（記憶媒体。当時はフロッピーディスクが主流であったが、FDの記憶容量が小さく、テープを媒体にしていた）の形で提供してもらいたいとの要望を出したのだが、これだけは頑強に拒まれた。理由は、「個人の人事評価が入っており、人事権に関わることだから開示できない」であった。

私は「それでは、新旧賃金制度の検証ができないので困る」と粘ったが、結局、開示してくれなかった。

仕方がないので、私たちは一人ひとりの賃金データを自分たちで集めることにした。実は労組では、毎年の賃上げ妥結のあと、組合員全員に無記名でその年の昇給額を明記してもらうアンケート調査をしていた。

新賃金制度の下でも、同じアンケート調査を行うことにし、その際に従業員コードを書いてもらったのである。

従業員コードの欄を付加したことで回収率がどうなるか心配だったが、結果は予想に反して90%超の回収率となり、かなり正確な賃金データができあがった。このアンケートを3年続けたところで、会社は私たちの努力を評価し、ついにテープを貸し出してくれたのである。

この一件で、トヨタ労使は賃金制度についてもオープンに協議ができるようになり、毎年の賃上げ交渉がやりやすくなった。

私たちは会社に要求するだけの活動はしない。**要求するからには、自分たちも、自分たちでできる努力をする。そのことによって、相互の信頼関係を深めていった**のである。

第4章のまとめ

- **売上げ、利益、生産台数などの数値は目標にしない**
- **唯一の目標は「能率向上」「減価低減」のための行動がとれるかどうか**
- **「自分たちのことは自分たちで決める」企業風土がある**
- **異質な企業だからこそその強さがある**
- **経営マターでも、話し合いで社員が制度変更できる**

第5章

話し合いがよきリーダーをつくる

創業家を絶対視しない社内風土

「トヨタの創業者は誰か」と聞かれて即答できる人は、トヨタ関係者以外では少ないかもしれない。

ホンダの本田宗一郎（本章では、豊田家を含めて大半の敬称を略す）やパナソニックの松下幸之助など、誰でも知っている創業者に比べると、トヨタの場合は認知度がかなり低くなってしまう。創業後のサクセスストーリーも、巷ではあまり語られていない。

トヨタ社員は、もちろん、すぐに「豊田喜一郎」という名前が出てくるし、創業の経緯についてもよく知っている。社員であれば、当たり前である。しかし、トヨタの社員は自社の創業者について、社外の人に自慢気に話すことはあまりないと思う。

なぜかというと、**トヨタには創業者および創業家を絶対視したり、必要以上に崇め奉ったりする風土がない**からである。

戦後の日本には、一人の創業者が事業を興し、人並み外れた馬力で会社を大きくしていったサクセスストーリーが大小問わず山ほど生まれている。大企業の場合は、戦前からの事業を戦後になって一挙に花咲かせた例のほうが多いかもしれない。トヨタもその一社である。

トヨタの歴史は、豊田喜一郎の実父である豊田佐吉（とよださきち）が愛知県挙母（ころも）の地（現豊田市挙母町）に豊田自動織機製作所を設立したことに始まる。1926年のことである。

喜一郎は、この少し前に自動織機の開発に取り組み、会社設立の際には常務取締役に就任している。

会社設立から3年後、喜一郎は自動織機の技術を応用した自動車製造に高い関心を持ち、欧米に長期出張。そこで自動車産業の将来性を確信し、豊田自動織機製作所の中に自動車部門を新設して、国産自動車の開発製造に取り組む。

その3年後、1937年に自動車部門を独立させてトヨタ自動車工業株式会社を設立した。ここが現トヨタ自動車株式会社の出発点である。

初代社長は、喜一郎の義兄に当たる豊田利三郎（とよだりさぶろう）で、喜一郎が副社長に就任した。ただし、利三郎はもともと自動車の生産に消極的で、独立前も独立後も、自動車生産を主導したのは喜一郎だった。

喜一郎が初代ではなく2代目社長でありながら、トヨタの「創業者」と認められている理由の一つはここにある。


誤解のないように念を押すのだが、トヨタの社員が創業者を絶対視していない理由は2代目だからではない。推測であるが、喜一郎の人格には創業者にありがちな「俺が、俺が」の感覚や上から目線で社員を見るような部分はなかったのではないだろうか。

喜一郎は現場をこよなく愛していたのだと聞く。常に現場に張りつき、現場を大切にし、現場で働く社員たちを家族のように大事にしていた、と。

したがって本人も、創業者然とするのはその後も含めてずっと好まず、**フラットな気持ちで社員たちに接することを信条としていた**のであろう。

そう考えると、大争議の際に断行した1600人の人員削減は、どれだけ苦渋の決断だったことか……。

喜一郎は「お手本にしたい日本の経営者」の一人

大争議のときに社長だった喜一郎は、社員の3分の1という大量解雇を断行した責任を取り、二人の役員と共に身を引いた。

自動車先進国の手を借りず、国産自動車を独自につくり上げた創業者が、自ら社長の座を降りたのである。本田宗一郎や松下幸之助、あるいは井深大（いぶかまさる）と盛田昭夫（もりたあきお）や中内功（なかうちいさお）が自ら身を引いて他の人に事業を委ねたような話で、よく考えるとありえないことである。

少々本筋から逸れるが、このくだりを書いている途中で、戦前・戦後の創業者で最も知られている人は誰だろうと、ネット検索してみたら、とても嬉しいサイトに当たった。

大学生向けのサイトで「お手本にしたい日本の著名な経営者10選」というタイトルだったので、さっそく開いてみると、1番目に本田宗一郎、2番目に松下幸之助とあった。このあたりは予想の範囲だったが、3番目が予想外（失礼ながら……）で、なんと豊田喜一郎だった（「大学生の困ったを解決するウェブマガジン『Campus Magazine』」より）。

解説に「間違いなく、この日本の自動車産業を世界に知らしめた日本人の一人です」とあった。このコメントは、まさにその通りなのである。

10選の冒頭には、「ずば抜けた経営センスにより日本を牽引してきた、または現在も牽引している人物」という解説もあった。閑話休題。

トヨタの創業者である喜一郎が「お手本にしたい日本の経営者」として挙げられるのであれば、私は創業家出身の経営者として、5代目の社長を務めた豊田英二（私がトヨタに入社したときの社長なので、敬称を略すのはかなり抵抗があるのだが、我慢して他と合わせることにする）も挙げておきたい。

英二は、3代目社長の石田退三とともに社内・社外で「トヨタ中興の祖」と呼ばれてきた。喜一郎に劣らず日本の名経営者として名前が挙がってもいい一人だと思う。

英二について称賛されるエピソードはいろいろあるが、私の中では生産担当取締役時代に役員会で放った「書面は無効でも、約束は約束ではないか」の一言が強烈で、他のエピソードを取り上げる気にはなれない。

この一言こそ、トヨタの労使相互信頼を築き上げた原点であり、ひいては世界一の自動車メーカーに進む扉を開いたきっかけだと思うからである。

私がトヨタに入社したときの社長ではあったが、私が労組専従になる前に、喜一郎の長男・豊田章一郎（6代目社長＝1982～1992年）に社長の座を譲ったので、残念ながら労使協議の場で相対する機会はなかった。

相手への敬いが企業を前向きにさせる

名経営者だからといって、私個人として英二を崇拝しているかと問われれば、そのような対象として考えたことはない。喜一郎についても同様である。

おそらくトヨタの社員のほとんどは、私と同じように**特定の歴代社長を崇め奉ることはない**。創業家の豊田一族を畏怖（いふ）することもない。

一方の経営陣もまた、自らへの崇拝を強制するような雰囲気はまったくない。豊田家の縁者だからといって肩で風を切って社内を歩くようなこともない。

創業期の喜一郎のように、常に現場に張りつき、現場の社員たちとフレンドリーに話し合うような光景はさすがにないが、職制にかかわらず社内・社外で活躍する社員たちを敬う気持ちはどの経営者にもあったし、今もあると確信する。

これは豊田家出身の社長ばかりではなく、トヨタの歴代社長およびトヨタ関連会社の社長に至るまで共通しているのではないかと、多少の希望的な見方も含んで推測している。

私が「確信する」と断言するのは、さまざまな労使協議の場で「大切にされている」ことを実感したからである。労使がお互いに相手を敬い、大切にしながら真摯に話し合う機会をどれだけ経験しただろうか。

話し合いが建設的なものになるかどうかは、「相手を大切にしているかどうか」にある。

戦後間もない頃の労働運動の主力をなしていた多くの組合には、それがなかった。「いざとなったら、われわれが経営権を握る」といった極端に闘争的な発想を持って、徹底した対立の姿勢で団体交渉をし、要求を勝ち取るという考え方が、当時の春闘では幅を利かせていた。

トヨタ労組はそうした闘争ムードと一線を画していたことは、これまで触れてきた通りだ。

それは根っこのところで、**相手を敵対視することの不毛さ**を先輩諸氏が感じていたからであろう。そこから労使双方が建設的な気持ちになれる「労使宣言」が生まれ、「相互信頼」や「車の両輪」を柱にした労使の関係ができていったのである。

労働組合の活動をそのような建設的なものにしてくれたトヨタ労組の諸先輩の方々に改めて敬意を表したい。

トヨタ労組の活動が相手を敬う建設的な話し合いをするようになったのは、なぜだろうか。他社の労働組合とは何が違っていたのか。

源流は、ずばり**創業者の社員に対する姿勢**だと思う。常に現場に出ては、社員たちと気軽に会話を交わす。時には、現場のリーダーと遠慮のない議論をすることもあったに違いない。

フレンドリーな会話や遠慮なき本音の議論は、経営者と社員の距離を縮めていく。

まだ中小企業にすぎなかった創業直後の社内に、**肩の凝らない、そんな空気がいつも流れていたら、会社全体が前向きになる。**「みんなで世界一の自動車メーカーになろう」と、**とてつもなく遠くて大きな目標でも、本気で共有することができる。経営者と社員みんな**

トヨタはカリスマに頼らない

リーダー主導の組織

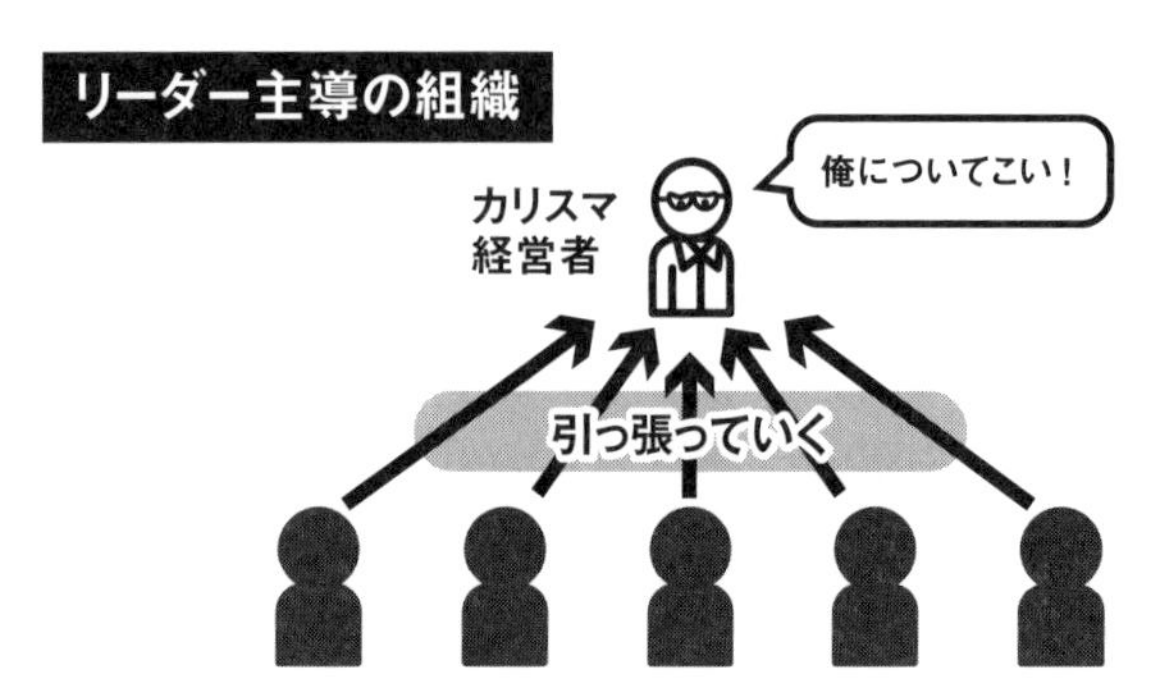

○勢いがあるときは強いが、
問題に直面したときにほころびが出る

対話型の組織

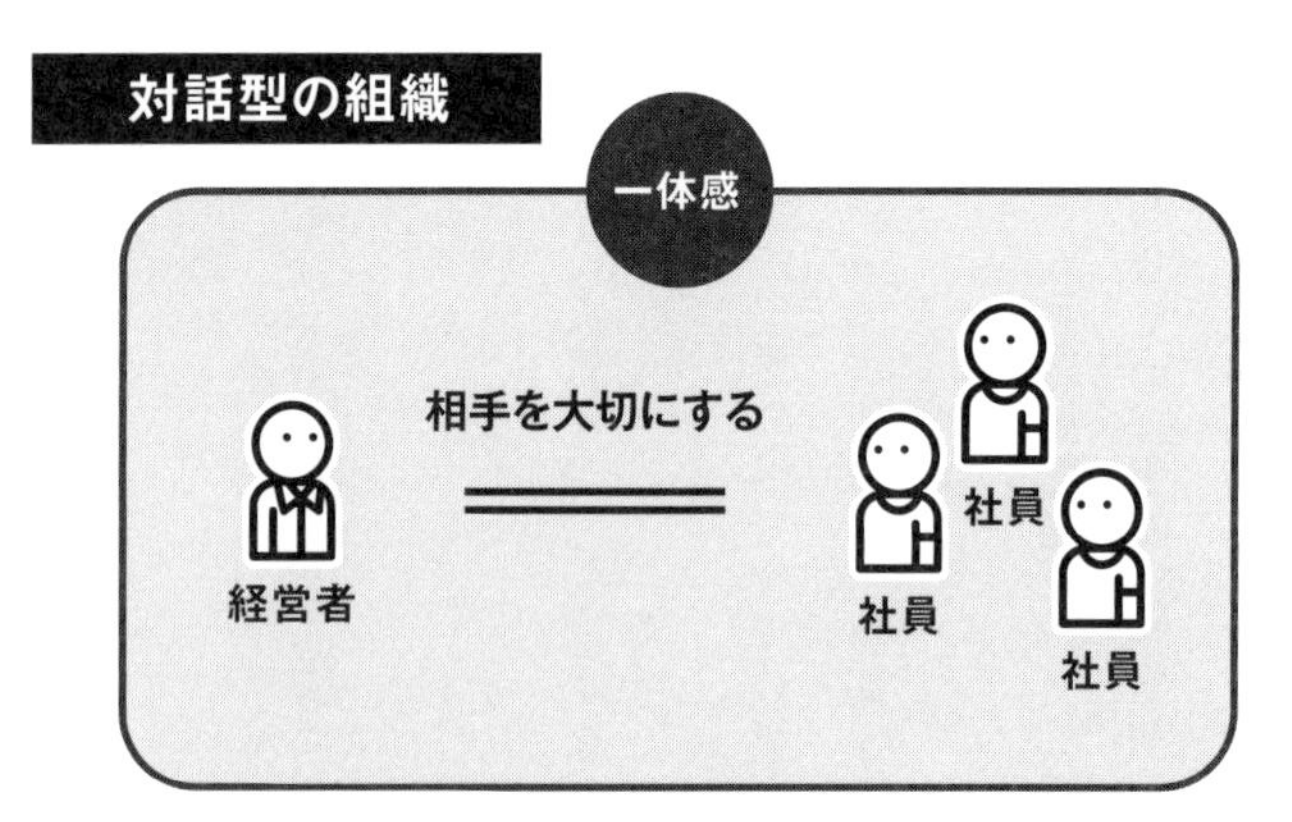

○会社全体が前向きで、何かトラブルがあっても、
みんなで解決していける

が同じ気持ちになって仕事に集中できる。

誰もが憧れ、見倣いたいと感じるサクセスストーリーは、こうした会社風土から生まれてくるのではないだろうか。

会社の大小にかかわらず、創業者や事業承継した創業家の縁者が、肩で風を切って社内を歩いたり、パワーハラスメントまがいの所業に明け暮れたりしているような実例は今でもいくらでもある。国内にも、海外にも、例示することに事欠かない。

トヨタは、出発点からそうした体質とはまったく異なる風土の中で大きく成長してきたのである。

会社の中の「不正」はなぜ起こるのか

この本の執筆中に、自動車メーカーが起こした不正が立て続けに報じられた。産別の団体などで一緒に活動した仲間の会社だと思うと、悲しい気持ちになる。

社名と一緒に「不正」という文字が新聞の一面に何度も載るのだから、そのことによって強いられるマイナス効果は計り知れない。トヨタも、タカタ製エアバッグの問題の際にはリコールを実施して紙面を騒がせたが、これはトヨタの「不正」とは違うため、大きなダメージにはなっていない。

不正が報じられたのは、自動車メーカーだけではない。平成の時代になってから、他産業のいくつもの企業で、トップと役員が揃って頭を下げる光景を数え切れないほど見てきた。

やや唐突に不正の話を引き合いに出しているのは、社員が不正に手を染めるのは、自分を守ろうとする気持ちが強く働くからであり、そうした**ネガティブな気持ちが湧くのは、社内の風土や職場の空気に要因がある**からだ。

「上司に叱られるのはイヤだなあ。言わなきゃわからないか」

「このミスで責任を取らされたら、もう出世できない」

「この作業、ちょっとくらい省いても大丈夫だろ。ラインには影響しないし」

こんな悪魔の声に誘われて、やってはいけないことをやってしまう。要は、いつでも**上司の顔色を窺いながら仕事をしている**から、ミスをしても上司に報告しない。やってはいけない不正行為を陰で行ってしまう。「これはまずいかな」と思いながらも、手を止めることができずにやってしまう……。

出来心でも何でも、いったん不正に手を染めてしまうと、事実関係の辻褄（つじつま）を合わせるために、さらなる不正や虚偽の報告を重ねていくことになる。そして、気がつけば、取り返しのつかない結果を招き、会社に多大な損害を与えてしまう。手を染めた当人も、職場を追われるなど、自分の人生に汚点を残すことになる。

この不正問題で「なぜ？」を5回以上繰り返してその真因を探っていくと、どの会社でも**最後はトップの普段の姿勢や社員に対する接し方に辿り着くはず**である。会社の風土や雰囲気をつくり出す大本は、トップの姿勢にあることが多いからだ。

さらに「なぜ？」を繰り返していくと、**源流は創業時の社長の考え方や態度に行き着く**だろう。

トヨタの創業者が豊田喜一郎という「名経営者」であったことをトヨタの社員やＯＢはもっと誇ってよいのではないかと思う。

また、承継していった歴代のトップや役員も、創業者の根っこにあった思想をごく自然に受け継いできたのではないだろうか。

80年余にわたるトヨタの歴史の中に、威張り散らすだけの経営者は見当たらない。歴代のどの経営者も、自らへの批判を謙虚に受け止める姿勢を持っていたし、そうした経営者としての根本姿勢を他の役員や現場の管理者にも自然に伝播させていったことも容易に推測できる。

部下に厳しい人は大勢いたが、それは問答無用に威張っていたのではなく、**「カイゼン」を徹底するために厳しい物言いをした**のだと考えている。

トヨタの経営者をほめすぎではないかと感じるかもしれないが、トヨタの労使に相互信頼が生まれ、それが根付いた背景には、こうした**トップの姿勢**があることを見過ごしてほしくないゆえの記述だと思っていただきたい。

これは、トヨタが世界一の自動車メーカーになれた背景でもある。すなわち、**会社の総合的な力はトップと社員の関係性が大いに影響している**と私は確信するのである。

その関係性をトヨタの場合は「労使相互信頼」という言葉で表現しているだけで、組合のない会社の場合は、普通に**「トップと社員の信頼関係」**に置き換えて読んでいただければ、どの会社にも当てはまることだとご理解いただけるのではないだろうか。

なぜ不正が生じるのか

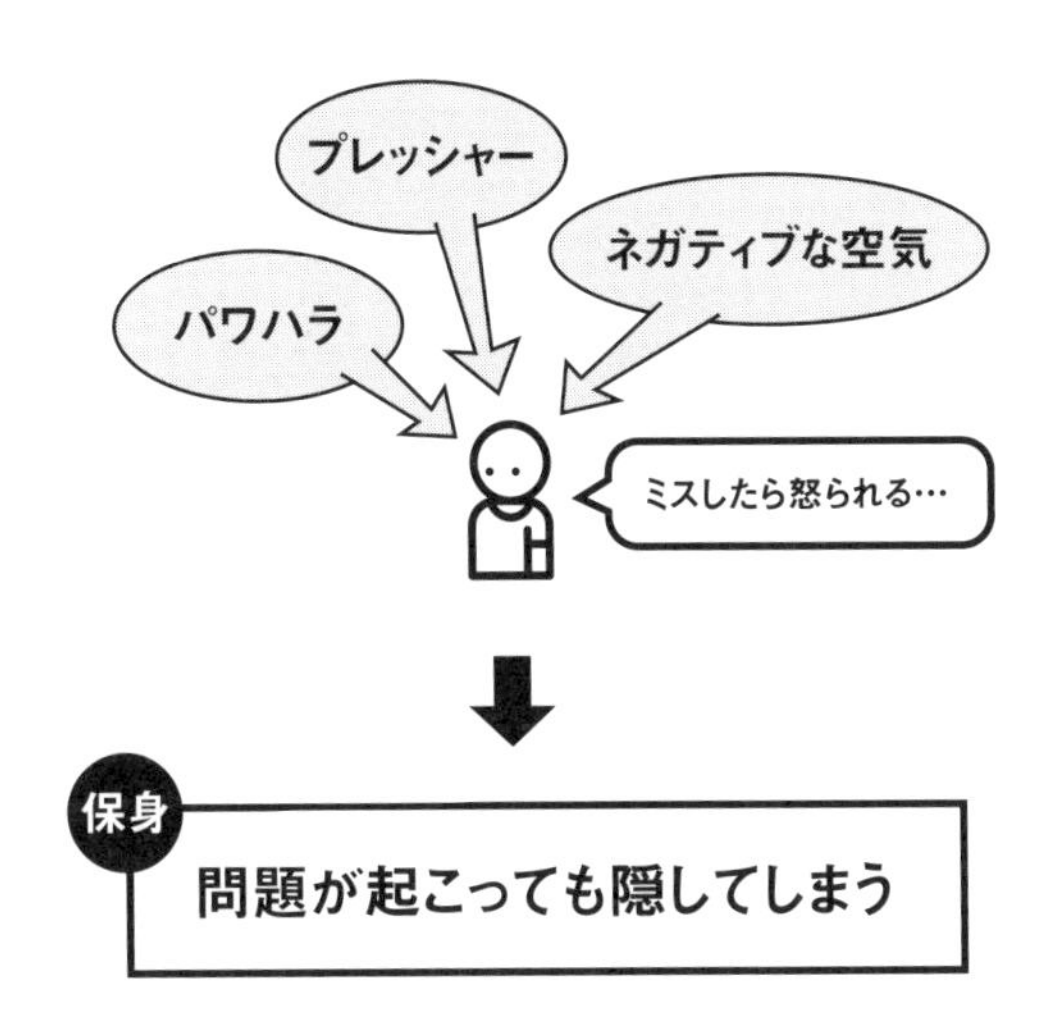

問題は……

- トップの姿勢にある！
- 理不尽な厳しさは不信を生む
- 社員との信頼関係が大切！

トップと社員の関係性は、間違いなく業績を大きく左右するのである。

結果を大きく左右する上司と部下の関係

トップと社員との関係は、職場の管理者と部下との関係に置き換えることができる。管理者が部下を信頼し、部下は管理者を信頼する。**この関係性を築ければ、部門全体の力は自ずと上がっていく**。

難局に直面しても、メンバーみんなの力、すなわちチーム力で乗り越えることができる。とてつもなく高い目標であっても、チーム力で達成できるのである。**トヨタが世界一を達成したように**。

逆も真なり、である。

部下が上司を信頼できず、上司も部下を信頼できない関係性の中で仕事をしていたら、高い実績を上げることは到底できない。高い目標どころか、低い目標だって達成できない。部門の目標も個人の目標も達成できない。

そうした**「相互不信頼」の関係から生まれるのは、上司のパワハラであり、部下同士の傷のなめ合いやグチの言い合い**である。

いや、まだある。**いちばん怖いのが、不正であり、虚偽報告であり、ミスをしても報告をせずにやり過ごすこと**である。上司にとって、また会社にとって恐ろしいことはここから始まるのだ。

上に立つ者が、下の者からの批判を許さない雰囲気を持っていたり、パワハラまがいの言動を日常的に放っていたら、**ミスを報告したくない気持ちになるのは必然のこと**である。小さなミスも、大きなミスも、だんまりを決め込む風土ができてしまう。

ミスだけではない。部下はとにかく上司と話をしたくない、口をききたくない気持ちが充満しているので、改善提案などする気も起こらない。仕事や職場環境の改善アイデアが浮かんでも口にすることはなく、やがて前向きなことは何も考えず、ひたすら惰性で仕事をするのみになっていく。

これは、**トヨタのカイゼン哲学とはまったく逆の成り行き**である。繰り返しにもなるが、トヨタは社風として、このようなネガティブな関係性を嫌い、仮にあったとしても何らかの形でそれを排する力が働くのである。

感情に流されず、冷静に役割を務めることが大事

とはいうものの、トヨタの社長や役員も人の子であり、下の者の意見具申に感情的になるときもある。そんなエピソードを二つ紹介しよう。

一つ目は、２０１８年のトヨタ労組の春闘の団体交渉（労使協議会）を傍聴していたある職場委員長から聞いた話である。団体交渉の際、社長と役員が定刻になっても現れず、「そんなバカな」と思い始めたところで、社長以下役員たちが会場に入ってきたそうだ。

社長が先に入って席に着くというのが慣わしで、これはいつも通りだ。

しかし、遅刻は異例である。私の経験では、協議が定刻に始まらなかった記憶はない。

このときは、遅れることおよそ5分だったが、5分も待たされるのは極めて異常なことであり、そのまま何事もなかったかのように始めるわけにはいかないだろう。待たされた労組のほうは、どう反応するだろうかと注視していたという。

案の定、書記長が社長に向かって毅然とした口調で、「時間が5分ほど過ぎています。開始時間は守ってください」と発言した。

人事担当の役員の顔に緊張が走り、他の出席者も凍りついたような顔になる。社長はどうだったかというと、少し「むっ」とした顔で書記長を睨みつけたそうだ。しかし、さすがに書記長を怒鳴ったり、言い訳をしたりすることはなかった。あとで、当の書記長にこの話を聞くと、「いやぁ、社長に睨まれちゃいましたよ」と笑っていた。それを聞いて、少しホッとした。

それはそうだろう。トヨタの社長や役員が**そういうことを根に持つようでは、社員からの信頼は失墜し、リーダーシップは地に落ちてしまいかねない**。

あとから遅れた理由を確認すると、団交に向かう事前の打ち合わせだったとか。その年の春闘におけるトヨタの回答は従来と違う内容であり、マスコミから叩かれた。私個人は、トヨタが、トヨタの回答ばかりに注目する世の労使にある種の問題提起をしたものだと評価しているが、そのようなやり方をめぐって、たぶん役員の中で意見が割れ、労組と同じように徹底的に議論をしていたのかもしれない。

それはそうと、社員8万人の上に立つトヨタの社長に、5分の遅刻を毅然と注意できる人が他にいるだろうか。この出来事を聞いて、私は思ったものだ。**「労使相互信頼をベースにした話し合いの伝統は、失われていないな」**と。

実は私の書記長時代にも、ちょっと似たようなエピソードがある。それは職場の苦労を会社に訴える労組にとっては、とても大事な労使協議の場だった。

職場の実態を切々と訴える労組執行委員の話に対し、ほとんど最初から居眠りをしている役員がいた。常務クラスの人だった。その失態を見て、書記長の私が黙っているわけにはいかない。

発言している人の話が終わったら注意しようと決め、どういう言い方がよいかを考えながら、メモに走り書きをして準備をしていた。

執行委員の発言が終わるか終わらないかというところで、私より先に副執行委員長が手を挙げて、こう言い放ったのである。

「体調の悪い方がおられるようです。このような大事な協議の場には、ぜひ体調を整えて参加していただきたい」

なるほど、当たり障りのない言い方である。私はというと、「本日の協議の重要さをわきまえて十分に耳を傾けていただきたい」と言うつもりだった。こちらのほうがストレートだから、空気を凍らせてしまったかもしれない。

言い方はどちらでもよいのだが、大事なことは、**話し合いの席を軽く考えているならば、社長であれ、常務であれ、はっきりと注意しなければならない**ということである。あとで聞けば、その日は、海外出張から帰ってきたばかりで時差ボケがあったそうで、情状酌量の余地はあった。

社長の件も、常務の件も、下の者に注意されたからといって、それを本気で怒ったり、処分の対象にしたりするといったことはもちろんない。**社長も常務も感情を持った人間ではあるが、トヨタの社長であり常務である、という冷静さは失わない**のである。

お二人とも、ある意味でトヨタらしいリーダーだと思う。

職場の気持ちを訴える声に涙を流す役員たち

労使協議にまつわるエピソードは、私の経験にせよ伝聞にせよたくさんあるが、どのエピソードも底流に**「本当の信頼関係」がなければ起こりえないこと**ばかりである。

あえて〝本当の〟という修飾語をつけたのは、人が信頼感や信頼関係を口にするとき、多くの場合は、本音とは裏腹な建て前でしかないことが少なくないからである。

話し合いというのは、**参加する人みんなが本音を語らなければ実りあるものにはならない**し、意味がない。

多くの会社で行われている会議やミーティングは、あまりにも建て前の発言が多すぎると、私は思っているのだが、みなさんの会社の場合はどうだろうか。

トヨタの場合は、労組内の話し合いにせよ、職制のミーティングにせよ、発言のほとんどが本音であり、建て前だけの意見を言えば、すかさず「それは建て前だろう」という声が飛んでくる。

すべての会議や話し合いがいつも本音で行われているとは言わないが、建て前だけの形式的な会議が幅を利かせるような会社ではないことは間違いない。その点でもトヨタは異質なのかもしれない。

労使協議ではこんな出来事があったことを思い出す。トヨタの社長や役員が本音で協議に参加していることの証しになるエピソードである。

社長と役員全員が出席している協議の席で、突然、「議長！」と手を挙げて発言の許可を求める支部長がいた。このこと自体は、それほど珍しいことではない。私も労使協議の場で、唐突に工場トイレの全面改修を訴えたことは第3章に書いた通りである。

ちなみに、労組内では委員長や書記長が、「出席しているんだから、言いたいことがあったら、いつでも発言していいぞ」と常々みんなに言っている。

とはいっても、社長を含む全役員が揃った労使協議の場で発言するのは容易ではない。相当の緊急性や重要性があるという確信がないと、挙手する勇気は湧かない。このときの支部長の話はまさしく切羽詰まったという感じで、発言すべき必然性があったのである。

発言は職場の問題だった。

生産の急増で職場体制が追いつかず、他の職場や職制の応援で必死に乗り切ろうとしているものの、残業や臨時出勤も限界だ。あるとき、自分が始業の30分ほど前に職場に入ったら、普段作業をしない工長が出勤していて、ライン側の部品を作業者が作業しやすいように黙々と揃えていた（30分前というのはおそらく残業にならないように配慮した時間だった）。そういう現場の頑張りを会社はわかっているのか、というような発言だった。

職場の気持ちを切々と訴える支部長の話にはリアリティがあった。自分たちは必死に努力している、心の底から改善してほしいという迫力があった。

支部長の話が続くうちに、経営側の雰囲気が次第に変わっていった。そのうち役員の何人かがハンカチを取り出し、目から落ちるものを拭い始めたのである。

本音で参加していなかったら、形だけの参加だったら、涙を流すことなどない。この光景に私は少し驚いたが、同時に、

「これがトヨタの労使協議であり、トヨタの話し合いだ。社長も役員も本気でこの席に臨んでくれているし、われわれも本音で意見を言っている。さすが、わがトヨタだ」

と思ったものだ。

「話し合い」には緊張感と思いやりが必要

話し合いの開始時間に遅れたり、人の発言中に居眠りをするという所業はいただけないが、発言者の話に感動したり、涙を流したり、考え込んだりするのは、本音で話し合いに

参加している証しだ。

参加する人は、みんな話し合いのテーマを真剣に考えて参加しているはずだし、出席者の発言を正面から聞く姿勢を持っているはずだから、時には人の意見に本気で怒ったり、熱くなったり、あるいは感心したりすることは当然ある。

トヨタ労使の話し合いや労組内の話し合い、また職場における会議やミーティングは、いずれもそうした雰囲気の中で行われているので、**自然に長くなる**。労組の話し合いなどはその典型である。みんなが本気で話し合いをしているので、時間の流れをあまり感じないのだ。夜を徹して熱く議論したことは何度あったことか。

トヨタの話し合いは、いずれの場合も退屈するということは、まずない。

職場の会議やミーティング、労組内での日常的な話し合いでは、多少リラックスする時間もあるが、委員長や書記長など役員が揃っている話し合いには、リラックスする時間はほとんどない。

労使の話し合いとなれば、**開始前から終わるまで緊張感に満ちている**。会社の将来や社員一人ひとりの生活や人生がかかっているのだから、当然であろう。経営側と組合側がともに、**開始時間やルール、座る席順などにこだわって行う**のも、ごく自然なことである。

すべての話し合いについて共通することだが、**話し合いにはある程度の緊張関係を保っていることと、出席者に対する思いやりや発言者へのリスペクトが必要**だと思っている。トヨタ労使の話し合いは、大小いずれにもそれがある。それは、お互いが活動の根幹として大事にしている「労使相互信頼」を実感する場でもある。また、実感する場でなければならない、とも思う。

他の労働組合ではよく「労使協調」という言葉が使われるが、「協調」と「相互信頼」は似ても似つかない考え方である。というか、そもそも労使の基本的な関係が違うのである。**単なる協調関係あるいは協力関係では、話し合いに必要な緊張が生まれない**。

1962年（昭和37年）に締結した労使宣言をここで振り返ってみよう（59ページ参照）。第2項を抜粋すると、こう書かれている。

〈相互理解と相互信頼による健全で公正な労使関係を一層高め、相互の権利と義務を尊重し労使間の平和と安定をはかる。〉

第3項を抜粋すると、こう書かれている。

〈労使は互に相手の立場を理解し、共通の基盤にたち、生産性の向上とその成果の拡大につとめ……（中略）……会社は企業繁栄のみなもとは人にあるという理解の上にたち、進んで労働条件の維持改善につとめる。〉

第2項の「相互信頼」の前に**「相互理解」**という言葉を入れていることに建て前の宣言ではない本気度が窺える。

第3項にある〈労使は互に相手の立場を理解し、共通の基盤にたち〉のくだりは、**お互いの日々の活動や話し合いでの発言に高い関心を持ち、尊重し、理解する努力が大切であること**を強調している。

問題は、この宣言が実現しているかどうか、単なる建て前に終わっていないか、という点であるが、私の捉え方ではみごとに実現していると断言したい。

両方の歴代トップや役員は、この宣言の内容をよく理解し、本心から受け入れ、大切にしようと考えていたことは間違いない。

「信頼」は職場の上司と部下の間にも根づいている

「労使相互信頼」は、必然的に職場の中にも浸透していく。どの職場でも、**上司と部下の関係は前向きであり、建設的である**。

トヨタでは、職場で社員が萎縮していたり、遠慮がちになったり、ネガティブな気持ちに陥ったりしている光景を見ることは、まずない。既述の通り、私は入社から8年間、法務部で仕事をしていたわけだが、この間、上司との関係は「相互信頼」の関係にあったと思う。

上司が私たち部下に睨みを利かせていたり、ノルマ達成のためにプレッシャーをかけたり、といったことはまったくない職場だった。

ただし、売上目標や利益目標の達成など世間の会社によくある上からのプレッシャーはないものの、**カイゼンに関するプレッシャーはあった**。

その一つが、創意工夫提案制度に関する〝ノルマ〟である。ノルマといっても、パワハラが生まれるような強制的なものではないが、何日も何カ月も提案がないと、自分の中でプレッシャーを感じるようになる。

もちろん、提案がないことを上司は把握しているので、上司から鼓舞されることはあるが、それはパワハラとはほど遠い。とはいえ、提案がないと、現在の賃金制度では評価が下がるので、賃金に多少影響してくる。

したがって、社員は自ら必死になってカイゼンの対象を探すことになる。このとき、社員の頭の中を支配するのは、**「能率」**と**「原価低減」**である。社員は、この二つのキーワードにプレッシャーを感じ、時には上司から「このところ、全然、提案がないけど、どうしたんだ」と上司に呼ばれることになるだろう。

そこで、上司と部下の真剣な話し合いが展開することになる。それは、軽い励ましのときもあれば、互いに真剣に向き合い、「どうしたんだ？ 何か悩み事でもあるのか」と提案アイデアを発想できない背景を**一緒に考え、話し合う**ことになる。

そう、トヨタの職場に当たり前にある光景は、上からのプレッシャーではなく、**上司と部下が「一緒に考える」という光景**なのである。

「一緒に考える」ことに慣れている社員たちは、上司に報告すべきことを報告しなかったり、虚偽の報告をしたりするといったことは、考えもしないだろう。なぜ考えもしないかというと、上司と部下の間には「信頼感」が通っているからである。それは、「労使相互信頼」の根本理念が職場の隅々に染み渡っていることの証左といえよう。

上司と部下の「相互信頼」を埋め込む現場指導

「相互信頼」が職場に浸透していった経緯の例を挙げるなら、第1章で紹介したラインの横にある紐の件がある。

現場の新人は誰でも経験していると思うが、ラインの横にある紐を「いつでも引いていいぞ」という班長の指導の下、みんな恐る恐るではなく、また遠慮することもなく、堂々と紐を引いてラインを止めるのである。

最初は誰でも恐る恐る引く。私も現場実習のときに引いたが、やはり恐々だった。紐を引いたとたんにラインが停止するというのは、やっぱり怖いのである。実際に引いてラインが停止したときはドキドキしたが、「どうした？」と班長がニコニコしながら飛んできたのを見て、ホッとしたものだ。

紐を引くということは、引いた当人が何らかのミスを犯したか、またはあってはならない異常を発見したからにほかならない。新人がはじめて紐を引いたとき、班長が鬼のような顔をして「おまえ、何をやらかしたんだ！」と大声で怒鳴り、叱責したらどうなるか。

おそらく彼は二度と紐を引っ張らないだろう。紐を引っ張らないということは、自分のミスまたは発見した異常を報告せずにやり過ごすことにほかならない。トヨタ生産方式では、この**「やり過ごす」ことこそ大きな罪**になり、「絶対にそれはやるな」と班長からきつく言われるのである。

既述しているように、間接部門の社員も例外なく現場の実習を経験し、こうした現場の指導を受けているし、ほとんどの社員は紐を引いてラインを停止させている。

ここから現場の社員も間接部門の社員も、**「問題があればすぐに報告する」「問題解決は一緒に考えよう。みんなで考えよう」という基本的な考え方を根底に埋め込まれる。**

その一方で、ノルマのように課せられている創意工夫提案制度が機能し、自分で考える習慣も身につく。つまり、**「一緒に考える」ことと「自分で考えること」がバランスよく機能し、カイゼン哲学が身についていくという仕組み**である。

職場におけるこうした日々の繰り返しによって、「カイゼンしよう。現状を変えなければ、自分がこの仕事を担当した意味がない」という思考スタイルが築かれていくことになる。

些細なことでも真剣に話し合うことに意味がある

トヨタ労組も、一人ひとりの社員（組合員）がこうした思考スタイルを身につけるための片棒を担いでいる。

労組の場合は、やはり徹底した話し合いがその舞台になる。労組には、職場委員などから職場で拾ってきたさまざまな問題が報告される。

どんな種類の問題に対しても、「とにかく気づいたことを何でも報告してほしい」「遠慮や報告隠しは絶対にやめてほしい」と普段から口酸っぱく言っているので、本当に些細なことから大きな問題まで、日々多種多様な報告がある。

報告には、問題というより、本人の主観による不平不満に近いものもある。それでもいいのだ。

「これは個人の主観だから」と報告せずに我慢しているほうが、ずっと悪い。報告せずに当人が勝手に流してしまうことによって、大事な職場カイゼンのチャンスが失われるかもしれないからだ。

個人的な不平不満なのか、職場の共通の問題なのかを判断するのは、**話し合いの場**である。職場から上がってきた問題は、どんなことでも「みんなで考えてみよう」と話し合いの俎上に載せることになっている。

中には、本当に「どうでもいいこと」もある。それでも、一度は「みんなで考えてみよう」と、話し合いの対象にして、一人ひとりが真剣に考え、意見を言うのである。すると、「どうでもいい」と思ったことも、話し合いをしている参加者から**「それは、私も感じていた。決して些細なことではありません」**という意見が出たりする。

その結果、「そうか、そう考えると、この件は無視できないね。しっかり検討しよう」となることも少なくない。

一例を挙げれば、社員食堂への不満や要求がある。「食材の盛りつけ方が悪い」「塩っ辛い。塩分を少なくしてほしい」「おかずの種類が少ない」等々である。

組合の話し合いでは、「こんなことまで議論するのか」とか「こんなことは、食堂の職員に直接言えばいいじゃない」といった声も上がるが、たいがいみんなに却下され、逆に批判されてしまう。

実際、私が執行委員や役員をしているときにも、食堂への不満は何度か取り上げられた。そのたびに私はみんなに、こんなふうに言っていた。

「この不満は、当人にとっては真剣だ。食事は人間にとって日々の楽しみの一つであるし、昼食を楽しめるか不満を抱くかは、午後からの仕事にも影響するのだから、軽視できない重要な問題なのだ」

ただ口で言っているだけではなく、本当に重要な問題として受け止め、執行部で真摯に取り組んだ。他社の社員食堂を見学させてもらったり、昼食の制度を細かく聞いたりして研究し、食堂のカイゼンに取り組んだのである。

カイゼンの結論はカフェテリア方式（個人の好みで、並んでいる料理を選ぶセルフサービス方式）に切り替えることだった。このカイゼンによって、食堂に対する不満の声はほとんど上がってこなくなった。

たかが食事、されど食事である。**社員にとっては決して「どうでもいい」ことではない**のである。

社員の声は、その種類や大小にかかわらず、会社にとっても、労組にとっても軽く考えてはならないと思う。**どんな声でも拾い上げ、真摯に話し合う姿勢を見せていなければ、本当のことは上がってこなくなる。**社員の本音が伝わってこないことになる。

私たちはそう考えて、ほぼすべての問題を話し合いの俎上に載せ、地道に対応策を練って実行していた。

本気の「話し合い」が職場のリーダーを育てる

トヨタの話し合いは問題の大小にかかわらず、職場においても、労働組合においても、**本音のぶつかり合いになるのが普通であり、参加者みんなが本気になる。**本気にならなければ、その場にいられない雰囲気もある。

労組の話し合いは、とりわけ、そうした雰囲気が強くなるため、議論が長くなると、どうしても出席者一人ひとりの集中力は低下していく。集中力が低下すると、本気度も低下していき、「早く終わらないかな」という気持ちに支配されることになる。

話し合いのリーダー役である議長は、集中力が低下している雰囲気を察知し、トイレ休憩を入れたりするが、トイレ休憩くらいでは集中力が戻らないことのほうが多い。

そこでリーダーがやるのは、**参加者のモチベーションを刺激する**ことだ。

「もう少しみんなで頑張ろう。ここにいる全員が納得して、この問題が解決されれば、今よりずっと仕事がやりやすくなるし、能率だって上がる……」

こんな具合に、である。時には、**前向きな雑談を交えたり、冗談を言ったりして空気を変える**努力もする。ただし、雑談や冗談話は、参加者の普段の関心事や悩み、夢や問題意識といったものを的確に把握していないと、かえって外してしまい、頑張る意欲が減退してしまう。

外さないためには、**普段から参加者と話す機会を持ち、いつも何を考えているか、何に悩みやすいか、どういう夢を持っているかを把握していなければならない**。つまり、長時間、みんなで頑張るためには、参加者一人ひとりと**1対1で膝を詰めて話し合う機会を持**

リーダーは「話し合い」の中で成長する

❶長時間の話し合いで、参加者のヤル気を持続させるには

場の空気をつかみ、モチベーションを刺激

❷話し合いの空気をコントロールするには

日頃からマンツーマンの対話で、考えていることを把握

❸本気の話し合いを仕切るには

どんな声でも取り上げ、否定したり、押しつけない

密度の高い話し合いを続けるうちに、
優れたリーダーの能力が開花する！

つことが必要になる。

職場を常に元気にし、みんながいつでも前向きになるには、とにもかくにも**話し合い、それも本音と本気の話し合い**をすることなのである

密度の高い話し合いの経験を重ねていると、人の気持ちがだんだんわかるようになってくる。リーダーとか議長役の経験が最もよいのだが、参加するだけでも回を重ねればわかってくるだろう。ただし、再三再四の念押しになるが、**本音と本気で参加している**という条件が大前提である。

実は、会社もそのことをよく知っている。労働組合内での真剣な話し合いを経験して職場に帰ってくると、ひと皮もふた皮も剥(む)けて、自分のことばかりではなく人のことを考えられる人間、人の思いや考えを尊重する人間に変わっていくと認識されているのだ。

労組の専従になると、労使協議などで経営陣と対等に話す機会が増えていく。そういう場で、社長や会社役員に対して恐れずにモノを言ううちに、**課長や部長、ひいては役員になるぐらいの力量と人間的な幅を身につけていく**のである。

労働組合は出世コースだと思われている会社は少なくない。銀行、保険会社、商社など

に例が多いが、トヨタの場合はそういう認識まではない。

労組の話し合いで鍛えられ、**社員としてレベルアップして職場に戻り、活躍するから出世していく**のである。

ただし、活躍するためには、職場に帰るときに、会社側が気持ちよく受け入れることが絶対的な条件になる。トヨタの場合は、労働協約に「専従が終了したら、出身職場に戻る」という旨の条項が明記されている。

なぜそんなルールをつくったかというと、歴史上の汚点といえるような労使の出来事があったからだ。

具体的にいうと、労組において会社から疎まれるくらいに活動した執行委員が、いざ職場復帰という段になって、元の職場から「要らない」と拒絶されたのである。こういうことが普通になったら、伸び伸びと組合活動ができなくなる。ということは、前述したような人間的な飛躍も期待できないということだ。

そこで、当時の梅村志郎委員長（１９７１～１９８２年）が後顧の憂いなく労組で仕事ができるようにと努力して、１９７４年（昭和49年）に新たな労働協約を制定した際に、この条文を入れたのである。

トヨタには、カリスマリーダーは生まれない

梅村委員長というと、労働組合のカリスマリーダーと思っている人が少なくないが、実は本人も周りもカリスマというイメージは持っていないと、前章で述べた。「カリスマ」の意味は幅広い。「絶対的な権力者」といった意味で捉えるならば、梅村委員長はまったく逆の人である。「多くの人の心を惹きつけ、心酔させる強い魅力を持つ人」という捉え方をするならば、その通りである。

そもそもトヨタには、**「絶対的権力者」に当てはまるようなリーダーは出現していない**。労組にも経営陣にも、である。

トヨタの社員は自分で考え、自分で判断することに慣れている人間だと指摘してきた。こういう風土が定着している組織や集団には、カリスマリーダーは生まれないものだ。

逆に、自分で考えることに慣れていない、あるいは**自分で考えることを億劫（おっくう）に思う人間**

カリスマリーダーは周りの人たちがつくっている

自分で考えない人は、絶対的権力者を受け入れやすい

カリスマリーダーが「ラク」

「カイゼン」哲学が身についたトヨタでは、安易なカリスマを受け入れない

カイゼンが「ラク」

ばかりの組織や集団には、カリスマリーダーが生まれやすい。

近年のような多様化の時代には、「こうすれば、ああなる」とあれこれ考えるのが億劫になりがちだ。億劫な上に、考えてもわからないことが多いとなると、人はだんだん考えることを放棄する方向に進んでしまう。

そこにカリスマリーダーが登場すれば、「(自分で考えて努力するよりも)この人についていけば幸せになれる」「この人の言うことを信じれば、心休まる日々を送れる」といった具合に、一人の人格に頼り切ってしまう。そのほうが「ラク」だと思ってしまうからである。

会社にせよ、スポーツの世界にせよ、あるいは国にせよ、独裁者は、こういう風土の中で生まれる。

トヨタの社内は、そんな風土とは無縁である。したがって独裁型のカリスマリーダーは生まれないのである。

ついでにいえば、自分で考えずに何でもスマホに頼ってしまう現代の人たちも同じ穴のムジナで、スマホから得られるネット情報に支配される人生になってしまうのではないかと、私は危惧している。

とことん議論させるリーダーが人心をつかむ

カリスマリーダーが関与する話し合いは、カリスマリーダーの思惑通りに進み、リーダーの意に沿った結論が出る。言い換えれば、話し合いとか会議とか称しているものの、内実は上からの伝達の場である。

上層部の考え方をよく理解させるという効果もあるので、こうした会議とかミーティングを全面的に否定するつもりはないが、少なくとも「みんなが自分の意思で、自分の考えを述べる話し合い」とはほど遠い場であることは確かだ。

梅村委員長は、こうしたトップダウン型の話し合いを嫌い、トップダウンを許さない風土を築き、定着させたのである。

風土を築くということは、漠然としたものではなく、制度やルールの上で何らかの仕組みをつくることである。**メンバーがその仕組みの意図を十分に理解することによって、風**

土は組織全体に浸透していく。

トヨタ労組の場合に効果があったのは、大事な会議では三役（委員長、副委員長、書記長）ではなく企画広報局長が議長となり、会議を仕切るルールをつくったことだ（94ページ参照）。企画広報局長は、組織上の立場としては三役の下に位置する。当然のこと、権限は三役のほうが圧倒的に強い。にもかかわらず、当該会議では、議事の進め方やまとめ方などに対して自分で決める権限を持っている。

したがって、たとえば会議が早く終わるか長くなるかは、企画広報局長の采配次第ということになる。たとえ委員長が「もうそれで決めよう」と大きな声を出しても、議長として却下できるのだ。

私もその立場を経験したことは既述したが、却下することを躊躇する議長はいない。会議の場では企画広報局長がトップであり、それなりの気構えで議事進行させるように指導されているのである。

みなさんの会社の会議でも、部長や課長が議長をしている会議に、議長より立場が上の管理職や役員が同席する場合もあると思うが、立場が上の人間がいると、顔色を窺いながら恐る恐る議事進行している例が少なくないだろう。

上の立場の人間が「もう結論を出してもいいだろう」と介入してくると、「はい」と素直に終わらせてしまうこともあるはずだ。

トヨタ労組には、そういう情けない議長はいないし、そもそも上からの介入も、まずない。仮に情けない議長がいたとしたら、残念ながら**「この人はよいリーダーにはなれない」という烙印（らくいん）を押されてしまう**。

誰も、そんな烙印は押されたくない。したがって、議長を任される立場になると、人の2倍も3倍も勉強することになる。

私は企画広報局長のとき、日頃から「廊下鳶」と呼ばれるくらい、みんなが執務している机を回って、今どんな仕事をしているのか、何か悩みはないかをつかむようにしていた。そして、協約や規約も全部頭に入れるようにしていた。他の執行委員に対しては、「企画広報局長が知らない仕事は、トヨタ労組の仕事じゃないから、執行委員会に出しても通りにくいぞ」と思わせるようにしていた。だから、執行委員会にかけようとする議事は、みんな事前に私に相談してくれたものだ。

そうした下地があって会議を采配するので、たとえ長くなっても、参加しているみんながついてきてくれる。

トヨタ労組では、出席者を慮(おもんぱか)って議論を早々と終わらせる議長より、**長時間になっても出席者の納得を得て議論を続ける議長のほうがリーダーとして高く評価される。話し合いは人を育て、議長経験はリーダーを育てる**のである。

トヨタ生産方式の本質は人を「ラク」にすること

最後に、トヨタ生産方式について、社員たちがどう捉えているかを明記しておきたい。トヨタ生産方式の核心は「カイゼン」であるが、「カイゼン」のターゲットは**「ムリ」「ムダ」「ムラ」をなくすこと**である。

「ムリ」……ムリな作業は、その作業をしている人が普通ではない無理をしていることになる。改善すれば作業者は「ラク」になる。改善しなければ、やがて心身ともに限界を感じてしまい、その作業もできなくなる。

「ムダ」……トヨタ生産方式は無限の能率向上を求める。作業者が「ムダ」な作業をしていれば、能率は上がらない。ムダを重ねれば、作業者が自分自身を苦しめることになる。苦しむ必要がないのに苦しむことになる。

「ムラ」……人はリズミカルに働いているときが一番「ラク」であり、楽しくもある。「ムラ」のある作業はリズミカルとは正反対の作業になる。「ムラ」をなくし、リズミカルな作業に変えていくことは、人を「ラク」にする道である。

トヨタの話し合いは、この3つの観点を基本にして行われている。「ラク」になりたいから話し合う。**「ラク」になりたいから安易に妥協せず、トコトン話し合う**のである。

トヨタには、鉄鋼メーカーや造船会社などの社員が不況対策として出向してくることがよくあった。そういうとき、出向社員たちは「トヨタの社員はこんなつらい職場で働いているのか。よく続いているな」と驚き、「早く自分の職場に戻りたい」と思う。

慣れていないから仕方がないともいえるが、仕事を受け身に捉えているかぎり、ライン作業はつらいものになってしまう。

トヨタの社員は、各自の持ち場で**今日より明日、明日より明後日をよくしよう**と思っている。そうすることが自分の仕事だと考えているし、そう考えることが**自分に「ラク」をもたらす**と確信している。だから、つらいとは思わない。

トヨタの社員は、同じ職場の仲間とよく話し合う。**仲間と「ラク」を共有しようと思うから、本気で話し合う**のだ。「ラク」とは言葉を換えれば、**「幸せ」**である。

トヨタを外から見て、あるいはトヨタ生産方式（TPS）を取り入れようとして、一番見えにくい部分がここだろうと考えている。

カイゼンの究極の狙いは、**今日より明日、現在より未来を「ラク」にする**、つまり、**よくしていこうという価値観**だ。**それがなければ、真のカイゼンとはいえない**。それを日々実践しているうちに、自分の人生観にも、そういう考え方が定着してくる。それは、**人生をより「幸せ」に送る秘訣（ひけつ）ともなる**と私は確信している。

第５章のまとめ

・創業家やオーナーを絶対視しない
・話し合いでは、敵対視せず、相手を大切にする気持ちが大事
・相互不信の関係が、不正や業績悪化を招く
・「緊張」と「リスペクト」がよい話し合いの場をつくる
・本音の話し合いが優秀なリーダーを育てる
・カイゼンは人を「ラク」にさせ、人を「幸せ」にする

おわりに

「日本は〝ものづくり〟で支えられている」

この言葉に異論を差し挟む人はいないだろう。私は、大学卒業と同時にトヨタ自動車工業（今の「トヨタ自動車」）に入社し、定年まで在職したが、そのことによって、トヨタはもちろん、日本の「ものづくり」の強さを文字通り体感した。

入社当時は、いつアメリカのビッグ3に呑み込まれるかというような規模でしかなかったトヨタが、高品質の自動車をつくり続けることで、四半世紀後には世界トップに上り詰めていくプロセスに少なからず関われたことは実に幸運だった。

ものづくり製品は、多くの人の手を経て市場に送られる。市場において、その製品はさまざまな使い方をされ、性能が試され、評価がなされる。ものづくりに懸ける日本人の熱意と高い技術は、日本製品を世界のトップレベルに押し上げてきた。

とりわけ、日本の自動車の品質に対する評価は、どの国においても高い。自動車を構成している部品点数は3万点を超えるわけだが、日本車に対する評価の高さは、それらの製造に携わる労働者の質が、世界の中で群を抜いて高いことを物語っている。

一昨年、日本のＩＬＯ協議会の訪問団の一員としてミャンマーに行った際、旧首都のヤンゴンを走っている車のほとんどがトヨタ車であることに気づき、現地のガイドに理由を聞いてみた。彼は、「とくに国家的な方針があったわけではなく、中古車を買う人たちが故障をしないトヨタを選択したので、自然とこうなった」と説明してくれた。

ちなみに、ミャンマー市場の車の9割は日本車であり、その8割がトヨタだとのことであった。誇らしく、温かい気持でいっぱいになった。

こうしたトヨタ車への信頼性の高い評価の声は、アジア、中近東、アフリカ諸国、どこへ行っても聞くことができる。

この評価は、もちろん一朝一夕にできあがったわけではない。創業者からはじまり、歴代の経営者と部品会社を含むトヨタグループの社員たちが、トヨタ生産方式を実践し、よりよい車を市場に提供するという地道な努力をひたすら続けてきた結果である。

ところで、この本の「はじめに」の中で、「カイゼンを実践することは個々人の生き方を前向きにする。前向きな生き方はその人の人生を豊かにする」と書いた。ここまで読んでいただいた方々には、心から感謝するとともに、カイゼンがなぜ人生を豊かにするかをご理解いただけたのではないかと思う。

なぜなら、カイゼンは「悪さを見える化」することを躊躇しない人間をつくり出し、さらに「悪さを見える化」してくれた人に感謝する気持ちを持てる人間をつくり出す、ということをわかっていただけたと思うからである。

さらに言えば、不断にカイゼンを実践し続ける人間は、今日より明日、明日より明後日はよくなることを信じ、自分の人生をより質の高いものにする努力を厭わなくなるということも、私が言いたかったことである。

私は、56歳になって労働組合の第一線を退くとき、「人生、二度生きだ」と意気込んで、司法試験を受験し弁護士になろうと考えた。そのプロセスについては別の本に書いたが、そこで書かなかったことがある。

それは、「そんな無謀なことはやめたほうがいい」とか「成功するとは思えない」という声もあった中で、私の背中を押し続けてくれたのは、トヨタで培った「努力を厭わず、頑張り続ければ、目標を成し遂げることができる」という強い意志だった。また、物書きを業としているわけでもないのに、こういう書物を書くことに挑戦しようと考えたことも、カイゼン魂に後押しされた結果だと思う。

最後になったが、私のこの思いの実現のため、懇切丁寧、かつ我慢強く手伝っていただいたダイヤモンド社の田口昌輝さん、フリーライターの奥平恵さんに感謝の言葉を捧げたいと思う。

加藤　裕治

2019年1月

［著者］
加藤裕治（かとう・ゆうじ）
1951年、愛知県生まれ。1975年、早稲田大学法学部卒業後、トヨタ自動車工業（現トヨタ自動車）入社。1984年、トヨタ自動車労働組合に専従。1992年から自動車総連本部専従、賃金理論を研究。2001年、自動車総連会長、連合副会長に就任。トヨタ労組の書記長、自動車総連の会長、金属労協の議長などの要職を長年務め、日本労働界の重鎮といえる人物。2002年、中央教育審議会委員に就任。2009年、内閣府参与・行政刷新担当に就任。
2008年、名城大学法科大学院入学。同年、中部産業・労働政策研究会理事長に就任。2012年、名城大学法科大学院卒業。同年、司法試験に合格し、2013年、愛知県弁護士会に登録。2014年、自動車総連顧問（現職）。2017年、ラヴィエ法律事務所に所属。
著書に『弁護士をめざして　56歳からの挑戦』（法学書院）がある。

トヨタの話し合い
――最強の現場をつくった聞き方・伝え方のルール

2019年1月16日　第1刷発行

著　者――加藤裕治
発行所――ダイヤモンド社
〒150-8409　東京都渋谷区神宮前6-12-17
http://www.diamond.co.jp/
電話／03･5778･7234（編集）　03･5778･7240（販売）
装丁――――秦浩司(hatagram)
DTP　―――荒川典久
編集協力――奥平恵
製作進行――ダイヤモンド・グラフィック社
印刷／製本―勇進印刷
編集担当――田口昌輝

ISBN 978-4-478-10603-7